U0019704

澳洲花鳥手帖

李夏 —— 著

For

Victor, Flynn and Jack

感謝以下專家、學者付出寶貴時間和精力，
審閱、核查本書植物學方面的內容——
你們一絲不苟的科學精神、淵博的植物學知識、
初心不改的對環境的關愛，讓我尊敬也帶給我鼓勵和啟發：

Peter Juniper 博士，雪梨北海岸區政府
王皓博士，查理斯・達爾文大學
Mark Cowan 先生，雪梨谷靈蓋野花花園
Stuart Elder 先生，澳大利亞安南山植物園

感謝 Victoria Heaton、Malcolm Fisher、
Michael Houston 以及其他 Manly Dam Mermaid
Pools Restoration Project 的夥伴們，
你們的友誼讓這一段自然探索之旅有趣而溫暖。

感謝我的婆婆、我的父母，
每一份探索的自信都來自無條件的愛，
謝謝你們。

For

Victor, Flynn and Jack

I would like to thank the following experts and researchers for providing your valuable time to cross check the botanical facts in this book. Your meticulous scientific approach, amazing botanic knowledge and never ending care for the environment encourages and inspires me.

Dr. Peter Juniper, Northern Beaches Council, NSW

Dr. Hao Wang, Charles Darwin University, NT

Mr. Mark Cowan, Ku-ring-gai Wild Flower Garden, NSW

Mr. Stuart Elder, The Australian Botanic Garden Mount Annan, NSW

I would like to thank all my friends at the Manly Dam Mermaid Pools Restoration Project, especially Victoria Heaton, Malcolm Fisher and Michael Houston for being there to support me as I set off on this exploration into the Australian bush.

I would like to thank Lidia, my mother-in-law. You have been a role model for me with your lifelong passion and devotion to bush care;

Lastly, I would like to thank my mother and father. My confidence to explore the world, near and far, always comes from your unconditional love.

目錄
CONTENTS

花兒們的故事

—————— Flower Stories ——————

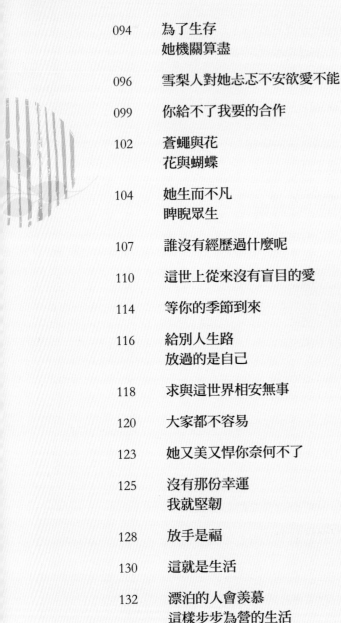

動物們的故事

Animal Stories

序言
FOREWORD

　　李夏用好奇的眼睛觀察世界和人生，無論是在電視臺做節目主持人時、在北京師範大學做電影學的博士生時，還是在專心養育孩子或周遊世界時，出現在她筆下和鏡頭裡的，總是她深感興趣和熱愛的東西。打動自己的東西，才能打動讀者，這也是她後來成為受歡迎的親子作家的原因。現在她暢遊在南半球的叢林，寄情於花木蟲鳥，以同樣的好奇心、鑽研精神和熱情拍攝和寫作了這麼一部精彩的自然之書。

　　李夏說：「對我來說，世界的區別不是東方西方，而是南半球北半球。前者屬於人類文明範疇，地球是平的就基本上可以解決；後者則事關自然，屬於幾千萬年的歷史遺留問題，不可能也沒必要解決。」對！正是這種南半球和北半球的自然區隔，讓我們看到了那麼多奇異與豐富的花鳥植物，也帶給我們那麼多知識上的驚異。

　　這是一部自然之書，首先就體現在李夏對於植物與動物生存狀態的細緻觀察，以及非常有趣的描摹。例如寫袋鼠腳花（Kangaroo Paw Flower），「六片花瓣明明是偶數卻偏要在下方留出空缺來讓這個圈畫不圓。看上去個性古怪，她卻是最團結的花。她靠專門吸食花蜜的小鳥來授粉。……小鳥站在細長堅韌的花莖上探頭進到長長的花朵底部吸食花蜜時，不同品種的袋鼠腳

花粉會沾到小鳥頭上不同的部位，這樣小鳥無論去哪家吃飯都可以給主人帶去合適的禮物。一隻小鳥就能把不同種類的一群袋鼠腳花都授粉了，一榮俱榮，且還常常衍生出一些更強更美的雜交品種。」再如寫蜘蛛的交配，「如果第一次交配就被吃了那麼公蜘蛛的多樣性就是空談。所以相對於紅背蜘蛛的主動獻身，聖安德魯十字蜘蛛的男方常常試圖逃脫。女方的對策則是邊交配邊把對方用絲網裹起來，從容享受愛情滋潤的同時美餐也安排好。一心二用一舉多得的愛情。」

也還有許多我們北半球的人所知不多的自然常識，例如山火，我們只知道二〇二〇年初的森林大火圍困了雪梨城，造成巨大損失，卻並不知道山火本來就是自然更替的必要過程。有很多的植物花卉，是只有通過山火之後，才有機會生長發育，例如法蘭絨花（Flannel Flowers）的種子就是要經過火烤才能發芽。凱利銀樺（*Grevillea caleyi*）的種子落在地上，沒有山火就難以生髮，所以這種植物慢慢就上了極度瀕危物種名單。而最奇的是佛塔花（*Banksia spp.*）的種子，如果遇不到山火，就會很耐心地密封在果莢裡，可以安然等待十多年。海福斯薄荷（Seaforth Mint Bush）也是遇到山火才發芽，又在山火過後五六年間就死去，回到泥土裡的種子庫中，等待下次山火燒掉其他植物之後再重生。這樣的生存，真是令人唏噓。

但要說這是一部自然之書吧，李夏又分明是帶著我們直接奔向關於人類的思考，本書中的每一篇文章的標題，彷彿都在提示著我們關於生命的啟迪。每一篇看似描寫植物花鳥的內容，也都彷彿是在為人生尋找著隱喻和注解。

被毛利人稱為馬努卡（Manuka）的植物並不是茶，但為什麼在澳洲被稱為茶樹（Tea-tree）呢？這就引出了一個當年庫克船長

（Captain Cook）艱難的探險故事，然後，李夏就有了對庫克船長和他的夥伴們感同身受的理解：「我相信他們一定需要熬過很多大海上漫長的下午，我也相信他們一定有過很多孤獨、恐懼、無助的時刻，而穿上正式的衣著、客客氣氣彬彬有禮地，跟從前在家一樣，和朋友一起溫文爾雅地喝杯熟茶，哪怕此茶非彼茶，應該也可以讓人至少有片刻覺得自己就在熟悉安全的家裡吧。」這自然是典型的以此心度彼心，才會有如此深刻的體驗和感受。

書中更多的精彩所在，是以植物命運引發的那些觸目驚心的生命感喟，說新州聖誕布茜（NSW Christmas Bush）保持一種謙卑奉獻的位置，「跟許多女人一樣」。勺葉日露（Spoon-leaved Sundew）以豔麗的葉片捕獲獵物吞噬昆蟲，而它的花卻「掛著純潔無辜的模樣」，「生計所迫，一步步走過來而已。誰不是。」山石楠（Epacris longiflora）種不到花園裡，她就是倔強地要做野花，「要做野花的人你攔不住」等等。此外還有那些難言的傷懷，如說杜香波爾尼婭（Boronia ledifolia）壽命短暫，「就像她背後那個義大利年輕人」。從幸福的環尾袋貂（Common Ringtail Possum）家族裡，也能看到「除非剝離養育的生理機能，否則女性是占不了便宜的」。當描述完公蜘蛛為交配而生，作者就想到人類社會，說「我們的生存目的不僅僅是生育」，又說「我們結婚在一起是為了愛和陪伴」，然而此時，又突然出現了自我的懷疑：「真的嗎？」總之，你在這樣一本薄薄的自然之書中，讀到的總有餘味無盡的人性溫度。

南朝時期劉勰的《文心雕龍》中說：「人稟七情，應物斯感，感物吟志，莫非自然。」所以，中國古代的詠物詩，莫不是即物寄興，托物抒懷。清代劉熙載的《藝概》中也說：「詠物隱然只是詠懷，蓋個中有我也。」這些一花一木的故事中，總有一段心

境，一種際遇。你在其中讀到的，可能也正是李夏的故事。

因為走過，所以懂得。因為懂得，所以慈悲。

李夏的文字，乾淨而簡潔，總是欲言又止，或點到為止，你完全可以把這些花鳥手帖，看做是詠物之詩。

原來，詩歌也是可以這樣寫的。

石恢
韜奮基金會閱讀組織聯合會會長
一起悅讀俱樂部創始人

自序
PREFACE

　　我妹妹宅家作畫缺乏靈感時，會讓我打開視訊去我家院子外的林地走一圈。在她居住的鋼筋水泥的城市中，所有的形狀都已經被人咀嚼過了，只有我的小樹林不會跟世界上任何一根線條重複。

　　在法國人羅伯特・拉庫爾—加耶（Robert Lacour-Gayet）的筆下，澳洲叢林是這樣的：她空曠而密集，被強烈的日光照耀，被深刻的陰影雕琢，奇異又生動，令人驚訝地擁有一種無盡、永恆的美感。（《澳大利亞簡史》〔*A concise history of Australia*〕）

　　他沒有提到的，還有氣味。正午時刻乾燥的桉樹林的氣味，桃金娘科植物的辛香。

　　偉大的達爾文曾經在《物種起源》一書中失望地說過一句讓人失望的話：澳洲不能為我們提供跟北半球植物同樣的觀賞價值，因為他們沒有經歷過漫長的人工選擇。

　　人工選擇的意思是我們朝著一個特定方向著意保留和重複植物的某種特性，比如花大，比如果碩。自然選擇則以植物自身的生存當做唯一目的，沒有人類遮風擋雨，但有自由長得千奇百怪。達爾文的話令人失望，因為在用我們自己的美感培育北半球的花園幾千年之後，我們對美之所以為美的理解其實也被畫地為牢。

　　歐洲人確實想過要改造和培育澳洲物種。最早被送往英國

的植物包括銀樺、金合歡、佛塔樹、聖誕鈴花。那個殖民擴張時代，所有時髦的歐洲花園都會有幾種澳洲植物生長。澳洲內陸常見的高大美麗的紅河桉（Red River Gum），在一八三二年被正式記載和描述時，依據的標本就長在義大利那不勒斯的一座叫做 Camaldoli 的花園裡，因此其植物學種小名為 camaldulensis。但大多數嘗試都失敗了，因為我們孤獨太久，野性難馴。

儒勒·凡爾納在他的小說《格蘭特船長的兒女們》中描述主人公們走在桉樹林裡，卻發現毫無樹蔭可言，因為樹葉為了避免水分蒸發，都斜著生長，並不阻擋焦灼的陽光。澳洲叢林有兩個與眾不同的特性，一個是很多植物葉子堅硬有蠟質布滿油腺（scleromorphy），一個是種子逗留枝頭並延遲發芽（serotiny）。

澳洲大陸沒有高山沒有大河，風吹雨打了幾千萬年，大部分地區營養流失土壤貧瘠，植物的每一片葉子都是千辛萬苦長出來的，不能輕易拋棄更不能被動物啃食。於是桉樹冬季不落葉，山石楠葉尖有刺，千層樹葉子嚼碎了辛辣刺鼻。

這裡有風調雨順的時候，更多是持續的乾旱，葉片在進行必需的光合作用的同時把自己嚴密包裹封存水氣；同時山火不斷，很多植物的種子因此高居枝頭或深埋地下，直到氣候和環境發生劇烈變化才會發芽。澳洲最具代表性的佛塔花的種子在枝頭可以一待十數年，沉睡多年的珍貴的粉紅色法蘭絨花則只在雪梨山火周年之後的夏天成片開放，成為很多人一生一次的壯景奇觀。

而叢林從來不只是叢林，花從來不只是花。

在雪梨富裕的郊區獵人山（Hunters Hill），走在萊恩科夫（Lane Cove）河邊，會經過一段被散步的人和狗踏碎的貝殼鋪滿的小路。在這之前的千百年裡，原住民曾經來到這裡，也許是一個家庭，也許是一個部落，在每年的特定季節，採集和食用河裡

的蚌，堆積起來的貝殼，成為了這個塚（midden）。

叢林曾經是人類活動的場所。生老病死歡樂悲哀都曾經發生在叢林裡，發生在這些我們當做荒地的地方。

楚格尼尼（Truganini）出生於一八一二年，她的名字在原住民語言裡是一種植物，叫做藍灰濱藜（*Atriplex cinerea*），長在最靠近大海的沙丘上，無懼海風和鹽鹼，生命力極為頑強。楚格尼尼活了六十多歲，在那個時代算是長壽，不幸她的一生就是目睹和經歷自己的親人、族人被屠殺被莫名的疾病戕害整個部落被滅絕的過程。她一定曾和父母手足一起，坐在林間空地的篝火邊上，聽老人們說一切都會過去一切都會好起來，就像我們的老人告訴我們那樣，然而她的每一個明天都變得更糟糕。最大的悲哀不是沒有明天，是知道明天不會變得更好。

作為塔斯馬尼亞最後一個純正血統的原住民，楚格尼尼臨死前唯一的要求是一個有尊嚴的葬禮，塵歸塵土歸土；但她的遺骨仍然被從墳墓裡挖出來作為標本在塔州皇家學院展示了近百年，直到一九七六年才按照她的心願進行了火化並將骨灰撒到她家鄉附近的大海中；而她的部分頭髮和皮膚被保留在英國皇家外科學院直到二〇〇二年。

他們曾經是物種而不是人。他們現在仍然在為做人的權利鬥爭。

澳洲叢林從來不是任何人的樂園。一八六〇年十二月探險家伯克（Burke）和威爾斯（Wills）離開墨爾本，開闢從維州到北部卡奔塔利亞灣（Gulf of Carpentaria）的內陸線路。叢林雜樹橫生，崎嶇不平，他們被迫將輜重留在途中的庫珀小溪（Cooper's Creek）輕裝出發；但幾個月後當他們九死一生返回此處時，卻發現留守隊員久候無果，剛在那天早晨離開。最後二人死于叢林之

中，陪伴他們的倖存者金（King）被原住民收留，回到墨爾本後從未能恢復健康，十年後在三十三歲的年齡去世。

一七八八年第一艦隊（First Fleet）到達雪梨時，船上一千五百多人中，基本上一半是罪犯，一半是看押他們的士兵和船員。澳洲叢林實質是英國的海外監獄，且刑律嚴苛。愛爾蘭政治犯約瑟夫・霍爾特（Joseph Holt）曾記錄他所目睹的一次鞭刑：「我遠在十五米之外，臉上仍然濺滿受刑者的血、肉和皮膚。」

恢復自由的流放犯可以免費獲得土地。有人放火燒山，灑下種子開始農耕，比如詹姆斯・魯斯（James Ruse），現在的雪梨頂尖精英學校因之命名；有人引入舊大陸的文明，讓移民初期的野蠻回歸人道和理性，比如澳洲醫藥之父威廉・雷德弗恩（William Redfern）；但不是每個人都能獲得成功，將蜜蜂帶來澳洲的退伍海軍軍官湯瑪斯・威爾遜（Thomas Wilson）苦心經營，但遭遇旱災和經濟蕭條，最後農場破產鬱鬱而亡。

越是內陸偏遠的地方，你越可能遇到修剪得整整齊齊的歐式庭院，在危險、陌生、充滿苦難的叢林中，思鄉給人安慰，讓人覺得安全。

我曾經宿營在叢林深處，無人的夜晚，動物撕咬，周圍黑暗模糊的森林寂靜無聲，仰頭望天河璀璨，就像幾百萬年前的某一刻。我們只是過客而已，為什麼還是會悲傷如斯，心碎如斯，懷疑和失望如斯。

致我深愛的澳洲叢林。

李夏
二○二一年二月　雪梨

花兒們的故事

Flower Stories

思鄉的馬努卡

Leptospermum scoparium 在紐西蘭被毛利人叫做馬努卡，最近幾十年因為她的花蜜被發現有抗菌抗氧化作用而變得十分有名。在澳洲本地她被稱為茶樹，因為庫克船長在他的第一次南太平洋考察途中曾用她的葉子當茶喝。

馬努卡的葉子確實長得像茶葉，且庫克船長到達馬努卡世代生長的澳洲東南海岸時正是南半球的秋天，要等五、六個月之後馬努卡才會開出跟茶樹完全不相干的花來。

看不出難道還品不出嗎？

我覺得醉翁之意不在酒，庫克船長喝的不是茶，是與茶相關的習慣和生活。

一七六八年與庫克船長隨奮力號探險船（HM Bark Endeavour）一起出發前往傳說中的南方大陸的，還有二十五歲的植物學家約瑟夫‧班克斯（Joseph Banks）。班克斯出身豪門，隨身帶了兩個朋友兼祕書、兩個畫家和四個傭人。探險船從歐洲向南穿過南美洲底部的麥哲倫海峽，向北到夏威夷，然後一路探索、考察紐西蘭、澳大利亞和印尼附近的各個島嶼，最後穿過非洲最南部的好望角於一七七一年回到英國。

在地球儀上幾近空白的領域航行的這三年，充滿艱辛驚險。他們遭遇過大風大浪，曾在大堡礁觸礁；每次登陸，看到的都是陌生的植物和動物；見不到人煙的時候惶惑，見到原住民的時候

松紅梅
Dwarf Red Tea-tree, Manuka

學名：*Leptospermum scorparium* Nana Rubrum

科名：桃金娘科

因為無法溝通而更恐慌。出發時全船九十一人，活著回來五十人，班克斯的團隊失去五個人，其中畫了世界上第一幅佛塔花素描的年輕藝術家雪梨‧帕金松（Sydney Parkinson）在回程中死於痢疾。班克斯自己也曾染上瘧疾、登革熱。

　　我相信他們一定需要熬過很多大海上漫長的下午，我也相信他們一定有過很多孤獨、恐懼、無助的時刻，而穿上正式的衣著、客客氣氣彬彬有禮地，跟從前在家一樣，和朋友一起溫文爾雅地喝杯熱茶，哪怕此茶非彼茶，應該也可以讓人至少有片刻覺得自己就在熟悉安全的家裡吧。

　　我們誰不是這樣。

她不漂亮也不努力
結局卻不錯

　　誰也搞不清命運是怎麼運作的，但總之是公平的。

　　昆士亞其實很常見，兩三米高的灌木，路邊土壤被嚴重騷擾過後沒人疼沒人愛雜草叢生的地方，往往都有她的身影，但很少有人留意她。她年紀輕輕開始樹皮就皺皺巴巴一副飽經滄桑的粗糙樣子；葉子小小的，不開花的時候常常被人當做她有名的親戚茶樹花馬努卡。

　　不過她開花的時候沒有人能誤解她。因為她香。昆士亞有濃郁的蜂蜜香味。你每天吃蜂蜜當早點，未必記得蜂蜜的氣味，但經過一叢昆士亞，你的嗅覺會準確無誤地判斷這是蜂蜜的味道。人類進化不過幾十萬年，動物性比理性反應快。

　　雖然花香，但昆士亞究竟還是其貌不揚的，而且還傻。她是先鋒樹種之一。先鋒樹種是那些在森林大火之後最先發芽生長的植物，他們的作用是搶先覆蓋了空白地面，讓雜草無處落地生根，同時為後面的原生植物生長提供蔭蔽，因此很受叢林複生人士歡迎。

先鋒物種傻，是因為其他原生植物在環境發生巨大變化的時候都不急著出頭，種子們待在地下，要等風調雨順天下太平之後再出來安安全全地生長。

昆士亞的策略是以多取勝。她的花每一朵細究起來，毛毛茸茸的，可愛卻微不足道，但她一開成千上萬朵，種子落到地上，很多會作為先鋒而犧牲，很多也會最終成長起來，連成一片蜂蜜味的樹林。

就像奧斯丁筆下的各種窮親戚，沒有錢沒有貌也沒有什麼特別的努力，但最後結果往往還不錯。

因為她的聰明我們學不來。

昆士亞
Tick Bush

學名：*Kunzea ambigua*
科名：桃金娘科

我們見面那一刻
他可能走過了江河湖海

　　法蘭絨花是灰白色的，從頭到腳都覆蓋著一層細細軟軟的絨毛，晚春初夏盛開的時候，有種興高采烈又天真可愛的感覺，讓人不由自主地想去撫摸她。

　　她是雪梨的標誌性植物之一。二○○一年慶祝聯邦政府成立一百年的時候，新州把她選作了代表自己州的聯邦之花。

　　法蘭絨花的植物學名字叫做 *Actinotus helianthi*，其中 *Actinotus* 在希臘語裡的意思可以理解為光芒四射，講的是她花瓣一樣潔白奪目向四周擴散的萼片。她的花則很小，聚在花頭中央，遠看是一個個毛茸茸的小球。每個小球都會生出無數的種子，但這些種子不會輕易發芽。

　　火是讓法蘭絨花的種子發芽的誘因，山火之後林子裡往往一大片一大片的都是她；要人工培育的話，也得創造類似的環境和條件。種子採集回來之後，需要立刻進行處理，否則她們就會假裝自己落到地上了而開始漫長的休眠。

　　先燒一盆火，火旺之後用枯乾的桉樹葉把明火壓滅，濃煙升起時，把盛著種子的篩子在上面來來回回地熏烤，十分鐘後取出來播種。需要種到專門的鬆軟透氣的土裡，然後每天噴一兩次水，不能淹著也不能乾著，如此二到六個月後，幾株小苗可能會冒出來。

　　是的，撒下幾百上千粒種子，發芽的可能兩三粒，然後還需要有足夠的運氣成長到花季。

　　法蘭絨花不是唯一的。入我們眼的每朵花可能都是千分之一。我們遇到的每個人可能都走過了江河湖海才出現在這一刻。我們只是從未察覺。珍惜身邊人。

法蘭絨花
Flannel Flower

學名：*Actinotus helianthi*
科名：繖形科

有人傳染樂觀百毒不侵

我們一般所說的桉樹，其實是三個不同的樹種，一種還是叫做桉樹（*Eucalyptus*），一種叫做傘房桉（*Corymbia*），一種叫做杯果樹（*Angophora*）。杯果樹跟其他二者最明顯的區別是葉子全部對生，並且果實上有五道杠。矮人蘋果樹是其中典型的一種。

矮人蘋果樹顧名思義長不高，枝枒更多橫著長，左右相對的葉片也寬寬短短的，沒有葉柄，直接結在樹幹上，像胖到沒有脖子，有種天然的樂呵呵的勁頭。她只長在雪梨附近，新生的枝葉和花蕾都裹著一層鐵銹紅的絨毛。春天的時候，從雪梨北上去中部海岸的路上，有一段路兩邊全部是她，熱熱鬧鬧地紅著，就像鮮花盛開。

矮人蘋果熱情好客，她真正開花的時候是夏天，三五朵一簇，擁在枝頭，白茫茫一片。花瓣退化了，花上全是雄蕊，一根雌蕊立在中間，被白中透碧的子房包圍。伸手在花頭上輕輕摩挲一下，濕乎乎的，都是清甜的花蜜。幾乎所有的昆蟲、鳥類、蜘蛛，都喜歡她，她也來者不拒。山火之後她是第一個從地下塊莖重新發芽的植物之一，一年就開花，給附近饑餓覓食的動物及時提供糧草。

　　她還有一個優點是不怕肉桂疫黴（*Phytophthora cinnamomi*）。肉桂疫黴爛根，讓植物落葉、衰敗、死亡，橫行世界各地的森林，染上了基本無藥可救。矮人蘋果卻對此全然無感，讓人在花園裡大路上種下去格外放心。

　　世界上就是有這樣的心寬體胖樂善好施開朗快樂的人，跟她們在一起可以傳染樂觀，百毒不侵。

矮人蘋果
Dwarf Apple
學名：*Angophora hispida*
科名：桃金娘科

命運把她放錯了地方

　　昨天去美人魚池（Mermaid Pools），在排水溝旁邊看到了大片的白花紫露草，開花了，星星點點一大片，特別美。

　　不幸的是來自南美的白花紫露草在澳洲是臭名昭著的入侵物種，我每次參加美人魚池的叢林複生活動，主要任務就是清除她。

　　跟所有成為雜草的外來植物一樣，白花紫露草的罪行是沒有把故鄉的天敵一起帶來，在缺乏抑制和抗衡的情況下瘋狂氾濫，打壓到了本土植物。

　　人人喊打，基本上家家戶戶的花園都在清理她，野外遇到做環保的人士，一定也是能拔多少就拔多少。

　　她心裡是不是很暗淡沮喪？是命運把她放錯了地方，她不過是努力活下去而已。

百花紫露草
Trad, Wandering Jew
學名：*Tradescantia fluminensis*
科名：鴨蹠草科

她真的很努力，身體任何部分只要接觸到新鮮土壤就能隨時生根，且根很淺莖很脆，一拔就斷，你抓到手裡的，幾乎永遠只是眼前的那一段那一根，很難有順藤摸瓜拔起一大叢的情況。然後等你清理完一片地半個月後回來，新芽已經冒出來了，土壤裡的原生植物種子還沒來得及發芽。

　　然後你又拔她。多次受挫，她的色澤會暗淡下去，葉片和莖幹也不那麼元氣滿滿了，最終會被原生植物徹底替代。在這個過程中，她會有多絕望呢？生命就是一次一次的打擊，不管她怎麼嘗試，迎來的都是當頭痛擊。說好的曙光在前、命運轉機、苦盡甘來呢？

　　寫到這裡我都覺得這個週六很難再去拔她了，不過我還是會去的，因為別的植物也需要天空、陽光和營養。白花紫露草一定會在別的地方蓬勃生長的，只要想活，她就一定能活下去，並繼續在春天裡開出美麗的小白花。

普通人生的舒服不需要解釋

在適合自己的環境裡面，我們自在，別人也舒服。

短劍木在盛夏開花，綿延一片像雪落枝頭，並散發淡淡的甜香，好像陽光的味道。她很容易存活，長得快也不需要澆水照料，但卻幾乎無人在花園裡栽培她。因為她渾身是刺，且不遮光，雖然做籬笆的話可以有效阻擋不走正門的來客，但卻不能提供私密的保護，而且無論你怎麼修剪，她的枝枒都不會按照你的想法生長。

她屬於叢林。澳洲的叢林雜亂無序，是與北半球的整齊劃一完全不同的審美。短劍木和她的夥伴們是這個審美的組成部分。她的葉子本身就是長長的刺，不怕袋鼠來吃，也不怎麼蒸發水分，所以有力量無懼炎炎烈日開花；陽光透過她細長的針葉投射到地面上，幾乎沒有陰影，所以更加低矮的灌木和草叢可以在她身下繼續興旺地生長。

昆蟲喜歡她的花蜜，小鳥喜歡她的長刺提供的保護。大鳥站在桉樹的高枝上俯瞰獵物；小鳥在灌木邊上覓食，隨時準備鑽進去躲起來。短劍木的荊棘不受花園的歡迎，在這裡卻是各種鶯的避難所和溫柔鄉。

短劍木
Dagger Hakea

學名：*Hakea teretifolia*
科名：山龍眼科

　　她的木質果實乾硬，尖端帶利刃，形狀險惡像匕首，這是她名字的由來。果莢成熟後一分為二張開，在中間淺淺的低窪部位呵護著兩片精巧的種子，種子有薄如蟬翼的翅膀，等風起就去這叢林的另一個角落，找一個合適的位置等一個合適的氣候，發芽然後開花，自在過一生。

　　普通人生而已，你的舒服別人不懂，你也不用解釋。

你不求她花大果美
她也不扭曲自己來討好你

　　原產昆士蘭亞熱帶雨林的瓦果梔是很適合人家花園栽種的小樹。她樹幹筆直，枝枒均衡地向四周伸出，葉子碩大茂密，四季常青而幾乎沒有落葉。高高興興地種一棵，鎮住宅子一角還不用打掃。

　　瓦果梔夏季開花，五角星一樣的小白花開著開著就變成黃色，雌花還會散發清香，因此又被當年思鄉的移民叫做澳洲梔子花。她的花型、尺寸和香氣濃度當然都比不上正宗源自中國的梔子花。

　　每次有這種類似的北半球的植物加上澳洲二字作為首碼的命名，往往都帶著某種替代品永遠趕不上正品的暗示。確實也沒什麼好比的，一個到如今都還屬於野生野長，一個已經被五千年文明淘汰和選擇了千百遍。兩百年前達爾文就把這個道理講清楚了。在北半球長大，我們習以為常覺得理所當然的那些美麗的花、香甜的果其實都是根據我們的愛好和需要被無數代人著意選擇出來的，我們鍾愛的種種品性，對植物本身往往無用甚至有害，放手讓她們回到自然，要麼死去要麼變異。

瓦果梔也結果子，是澳洲原住民的美食。她的果子在野果裡算是大的，厚厚的果皮下包裹著潤濕的果肉，味道也好，據說很像山竹，果子開始時是綠色的，成熟之後變成黃色，所以她又被叫做黃色山竹。當然她又是不能和真正的山竹相比的。

　　她的好處在於她天然俊俏，耐寒耐旱生命力強。你不求她花大果美，她也不扭曲自己來討好你。真實的樣子總是最有力量的。

瓦果梔／澳洲梔子花
Brown Gardenia, Yellow Mangosteen

學名：*Atractocarpus fitzalanii*
科名：茜草科

心懷慈悲就沒有絕境
總有人性之光照亮黑暗

在院子裡種一棵檸檬香桃木，做乳酪蛋糕的時候，摘兩片葉子切碎撒進去，可以增添清新的檸檬味卻不會讓奶凝結起塊。葉子曬乾後收起來，冬天的時候熱水一沖就是一杯濃郁溫暖的檸檬茶。

來自昆士蘭亞熱帶雨林的檸檬香桃木含有自然界最濃的檸檬醛，有人把她叫做檸檬女皇。澳洲原住民很早就用她調味，有頭痛腦熱的話把她的葉子煮水然後吸入蒸汽治療。如果把這種蒸汽採集起來，一滴滴裝進瓶子裡就是昂貴的天然檸檬精油。昆州從上個世紀九十年代開始大規模商業種植她來萃取檸檬醛，據說也有抗衰老的作用。

她個子不高，雖然是棵樹一般也就七八米高，枝枒也不橫長，頂上規規矩矩地長一個樹冠出來，遮陰庇陽卻不張揚，十分適合一般人家的庭院。

她的植物學名稱來自一個叫做詹姆斯·白毫斯（James Backhouse）的英國貴格派傳教士。貴格派是基督教新教的一支，反對奴隸制，反對暴力和戰爭。白毫斯自幼喜歡自然，如果沒有成為傳教士他會成為一個植物學家，當然在做傳教士時他也沒有忘了往英國皇家植物園寄去各種奇花異草。

一八三二年，喪妻的白毫斯把孩子和約克郡的花圃生意交給

檸檬香桃木
Lemon Myrtle

學名：*Backhousia citriodora*
科名：桃金娘科

弟弟照料，自己來澳洲傳教。他和夥伴走遍了新州和塔省的苦役營和原住民定居點，聆聽被剝奪被欺凌的最底層人生的傾訴，給殖民政府提出了包括廢除鞭笞等酷刑，以改造而非懲罰和羞辱為目的對待苦役犯的建議；同時代的儒勒・凡爾納在《格蘭特船長的兒女們》裡把澳洲原住民描述成猴子一樣的生物，白毫斯卻把他們看做是在不同生存環境下掌握了不同生存技巧的一群人，並提出英國政府不能平白攫取原住民土地而不予賠償。他不是走到了時代的前面，也不是因為他有信仰，是因為他有慈悲心，能看到苦難能感受到痛苦。

好人好報，多年後他回到英國發現苗圃生意被弟弟經營得興旺發達，兒子也十分有出息，在成功接管家族生意後自己也成為了植物學家。一八五三年，桃金娘科下麵的十三種植物被歸於一屬，以他的名字命名，叫做 *Backhousia*。檸檬香桃木的植物學全名為：*Backhousia citriodora*。

你走不了你的孩子的路

　　一部生物進化史就是大家各找個合適的位置好好活下去的過程。

　　草樹給自己在草和樹之間找了個位置安頓下來。說她是草，她像模像樣地有樹幹，說她是樹，除了頭上頂著的葉子十足像一叢亂草，橫切一刀看看她的樹幹也沒有年輪。她是澳洲最具標誌性的植物，一共二十八種，全部在澳洲，僅在澳洲。

　　她也是叢林裡最有用的植物之一。山火過後就是她的花季。一杆長長的花莖上盛開成上千朵乳白色的小花，灰黑的廢墟中包括澳洲土蜂在內的各種饑餓的昆蟲都會蜂擁而至，小鳥也來，有的是來吸食花蜜，有的是來捕食花上的小蟲子。原住民把花莖砍下來，在水裡泡泡，陽光下放上幾天，就是甘甜的低酒精度飲料。她多餘的朱紅色樹脂會滴落成小球堆積在樹底，原住民製作狩獵的武器時，過來採集幾粒熬開了可以把標槍頭牢牢地粘到標槍桿上，歐洲人把她出口到北半球，用來給地板和家具上光。

　　以一己之力可以創造一個生態系統的草樹卻屬於發芽時只有一片葉子的單子葉植物。這一類植物因為在進化史上出現最晚、能量轉化效率更高而被很多人看做更高級。一般特點是根系淺也不花精力去長木質樹幹，最多一兩年內就把整個生命週期走完，然後生產大量種子，以多取勝，比如各種草尤其是雜草。

　　草樹卻任性地反其道而行之，她生長極為緩慢且活得極長。

她像一叢草一樣在地上安坐二十年才長出一截短短的樹幹，然後每年平均大概增高一釐米，所以如果你看到一棵跟你一樣高的草樹，她已經百歲有加。維持龐大的身軀和漫長的生命需要大量的能量，她解決自己根系淺吸收力不夠問題的方法是跟一種根菌合作，用葉子光合作用產生的糖分換取根菌提供更多的水和礦物質。所以一方水土一方人，草樹很難移植。

壽命長就會經歷很多山火，草樹的對策是從不落葉，她披頭散髮的樣子，平時為小動物提供藏身之處，山火來的時候乾脆俐落地燒掉，熏黑了樹幹，但裡面負責傳輸水分和營養的芯安然無恙。結果她的身體越來越黑，頭髮越來越短，興致勃勃地站在頭頂迎風張揚。

所以高級不高級都是別人眼裡的，你決定自己的價值，決定自己想要怎麼過能不能那樣過。你的孩子也一樣。他的路你走不了，再心痛也不行。

草樹
Grass Tree
學名：*Xanthorrhoea* spp.
科名：金穗花科

為愛我們謙卑到塵埃

　　沼澤百合是大洋洲的植物，開出花來卻有一股晚香玉的異香，讓人想起北半球夏天的夜晚。

　　她屬於石蒜科，跟水仙花一家，不過她那麼巨大，高可達一公尺多，葉片四面展開來，輕易可以有兩公尺，沒有人能雕琢她。她的花劍粗壯，從葉子深處冒出來，十多二十朵窈窕的花蕾高高在上，在黃昏的時候漸次開放。每朵花有六片潔白無瑕的修長花瓣，花蕊是紫紅色的，花藥黃色，絲絲縷縷，嬌柔中又透著不可侵犯。

　　她喜歡潮濕的水邊，但不過分講究，空間夠大水分夠足的地方她都能自然舒展地生長，特別適合庭院空出來的角落。如果想多種幾棵，可以直接從根部分切她的側枝。她也有自己的繁殖方式。花落之後，花劍上會結出幾粒嬰兒拳頭大的果子，果子切開找不到種子，因為果子本身就是種子。這些沉甸甸的果子會把花莖側壓到靠近地面的位置，然後果子中間探出一小片嫩芽，發芽的果實接觸到地面，生出根來，長成一棵新的沼澤百合。

沼澤百合
Swamp Lily

學名：*Crinum pedunculatum*
科名：石蒜科

　　她葉子和果子有毒性，一般動物敬而遠之。原住民將她的葉子擠汁，塗抹在被水母或鯕螯傷的地方，以毒攻毒，緩解疼痛並預防感染。

　　傍晚她的香氣最為濃郁，跟她的花是白色的一樣，都是為了吸引夜行的昆蟲來授粉。彼此最默契和喜歡的，是一種澳洲本地常見的綠背斜紋天蛾（*Theretra nessus*）。很少有鮮豔的蛾，沼澤百合為了這種灰撲撲的飛蛾長成了這樣冰清玉潔的樣子。

　　為愛謙卑。

我的澳洲應該的模樣

粉紅蠟花的植物學名字叫做 *Eriostemon australasius*，前者是指她的雄蕊點綴著細細的絨毛，後者的意思則是源自澳洲。澳洲百分之八十四的植物物種都僅見於澳洲，但這樣把澳洲製造驕傲地寫進名字裡的，似乎只有她了。

她也確實很澳洲。她節水節能，幾乎什麼環境下都能生存。葉片細窄堅韌，花瓣小巧厚重仿佛塗蠟，都可以最好地避免水分蒸發，這也是她為什麼常常被稱為蠟花。她屬於芬芳的芸香科，葉片上布滿星星點點的半透明油腺，路邊走過，衣裙摩挲，都會散發出濃烈的香味。

跟眾多澳洲植物一樣，她與火相生相剋。她在初春開放，繁盛的花朵或粉或白，在枝頭可以怒放兩三個星期，凋謝後也不落，收攏回到花蕾的形狀，並保持原本的顏色，最合適插花。可她卻難養。在人工環境下，她的種子要兩三年才發芽，剪根枝條插進土裡指望生根，也幾乎是百分百的失敗；只有山火可以煥發她暗藏的生機。

粉紅蠟花
Pink Wax Flower
學名：*Eriostemon australasius*
科名：芸香科

　　她一米多高，是澳洲叢林中典型的中間層灌木，安居於高層的大樹之下，雖然沒有充足的陽光，卻也免於風雨的摧殘。她交錯的枝枒是各種小鳥比如美麗的細尾鷯鶯躲避大鳥獵殺的藏身之處，山火來臨時她富含油份的葉子則是最好的燃料，短暫烈焰之後，大樹安然無恙，空曠的地面覆蓋富含礦物質的灰燼，她和小樹苗一起冒出來，更健康更強壯。

　　執著而不強求，安然淡定，隨和友好，這是我的澳洲應該的模樣。

有的人就是要奉獻一生的

　　說實話不懂為什麼新州聖誕布茜的花瓣要把自己的位置讓給花萼。

　　花萼就是尋常花朵下面支撐花瓣的那幾片一般不起眼沒人注意的葉子。

　　聖誕布茜在十月開出星星點點的小白花，然後花朵慢慢變大轉紅，到了聖誕節期間，正好紅得有一樹，剪幾枝回家插上，就是唯獨雪梨才有的聖誕氣氛。

　　很少有人想到這些開白花又轉紅的，其實一直是聖誕布茜的萼片。她們完全不像葉子，長得跟我們想像中的花瓣一模一樣，而聖誕布茜真正的花瓣卻小小的，被萼片包圍著，和花蕊混在一起，沒有放大鏡難以分辨。

　　放大鏡下，這些花瓣呈單薄的片狀，每片上又分幾個叉，更顯孱弱；不過當年採集並收錄她的植物學家據此給了她一個雄赳赳的拉丁屬名 *Ceratopetalum*，在希臘語裡意為帶（鹿）角的花瓣。

新州聖誕布茜
NSW Christmas-bush

學名：*Ceratopetalum gummiferum*
科名：南薔薇科

　然後，那些被授了粉的花開始變紅變大。仍然是萼片由白色的小花變成深粉的大花，繼續代替花瓣招呼路人驚讚的目光；花瓣也一起變紅了，隱在花朵深處，更難識別，並從向上伸張的姿態收攏回來，附身向內環抱受孕的子房，感覺就像是卑微的保母。

　自然選擇適者生存，聖誕布茜花瓣的這種安排一定有她的道理。說到底都是自己的選擇，也許她就是覺得這樣謙卑奉獻的位置更舒服，跟許多女人一樣。

人生需要多少面具

　　勺葉日露名副其實。她的葉子像把湯勺，勺子上有很多觸鬚，每根觸鬚頭上頂著一滴晶瑩的液體，跟露珠一樣，但炎炎烈日下也不會消散，在日語裡，叫做太陽の露。

　　美麗的日露不會散，因為它們確實不是露水，而是富含各種酶的粘液，過往的昆蟲看到嬌豔欲滴的紅色葉片以為是花，靠近就會被粘上，葉片上的觸鬚會立刻湧過來給獵物裹上更多的粘液。十五分鐘後蟲子被溶解掉，變成勺葉日露可以消化的濃漿。然後一場雨沖走蟲子的空殼，勺葉日露繼續閃著露珠般的光像一朵盛開的花一樣等待新獵物。

　　春夏季節她會真的開花，一朵或粉或白的小花，由一根細細的莖支撐著，開在離母體很遠的上方，看上去弱不禁風人畜無害，前來授粉的昆蟲不會想到十幾釐米之下是一個活的墳場。

勺葉日露大概也不想吃掉這些拜訪她的花朵的昆蟲。她雖然可以自花授粉，但要子子孫孫健康興旺地活下去，能得到這些昆蟲帶來附近其他植株的花粉混交一下當然最好。因此自花授粉只會在花朵要凋謝了卻還沒人光顧的時候發生，在那之前，她的花都掛著純潔無辜的模樣在太陽下開放，並隨著太陽的移動溫順地改變方向。

　　所以她並不是裝出來的，生計所迫，一步步走過來而已。誰不是。

勺葉日露

Spoon-leaved Sundew

學名：*Drosera spatulata*

科名：茅膏菜科

野茉莉也有春天

其實我家院子外林地上的野茉莉的春天會很短，我在等她香消花謝，然後拔了她。

Jasminum polyanthum，英文俗名粉紅茉莉，來自中國雲南，兩百多年前法國人把她帶到英國，然後傳到澳洲。她是澳洲人口裡的正宗茉莉花，但我叫她野茉莉，因為不管在哪裡她都漫山遍野野性不改。雲南那麼大的鮮花產業，居然也沒有人培植馴化過她——我在中國的西南出生長大從未見過這種花。

但她確實美，而且有那種東方美。我拍照後給婆婆看，婆婆眼神不好，看東西只能看大概，說：這就像中國畫一樣啊。在畫面上，我沒有著意擺布，但她就是天然有種繁則極繁簡則極簡，該留白的時候絕不多話的調調。

且香氣令人沉醉。

但我還是得殺了她。因為她長錯了地方又生機太盛，作為外來物種，喧賓奪主。北半球的很多可愛美麗的植物到了澳洲之後都成為殺不盡的害種。萬物本生生相剋，一物降一物，但這些物種的天敵沒有一起移民過來，到了新大陸後，澳洲脆弱的原生植物根本無法與之競爭，長期的後果就是物種單一化，影響整個生態。

我家外面林地上的這片野茉莉平時混雜在低矮的樹叢中注意不到，春天裡滿眼繁花似錦才讓人驚覺原來她已經把林地一角嚴嚴實實高高低低地蓋滿了。實在很美，但簡單的一個道理是，你美如此一大片，等你花謝之後，這一片都凋零，沒有其他花兒開放，那些以花蜜花粉為食的鳥兒和蟲蟲們怎麼辦？

　　所以，我要殺了這叢野茉莉，等她花開之後。其實她是如此之美，我要移植一小盆放到屋前，也讓她時時提醒我節制才能活得長。

多花素馨
Pink Jasmine, Chinese Jasmine
學名：*Jasminum polyanthum*
科名：木樨科

心懷善意
世界也善意對你

　　每個名字日積月累下來都是有約定俗成的個性的。如果銀樺是個奔放豪邁的潔西嘉，那藍莓樺就是溫柔和善的安妮。

　　藍莓樺其實跟樺樹毫不相干，果子雖然是藍色的，但也不是可以稱之為莓的漿果。不過她不在意。她還有個名字叫做仙女的襯裙，感覺更合適一些，因為她的花就像帶蕾絲邊的或粉或白的小裙子。

　　大多數的花會恨不能讓全世界看到自己然後全都被吸引過來給自己授粉，藍莓樺柔美的小裙子卻面朝下開放，藏在葉子中間，一定要是知根知底的蟲子才能爬進去找到她的花蕊，讓人為她著急。

　　她也不長很高，枝枒不伸開很遠，中規中矩的一棵小樹，不需要費事去修整，三五年就可以長成，對水的要求也很低，所以雪梨的大路邊十一月分的時候，遠看一片片淺粉色的雲霧，種的都是她。在人家花園裡如果有別的花樹要恣意地舒展到她這邊來的話，她就往側面擠擠，找個縫隙繼續開花。

　　這是為什麼安妮這樣的女孩子總是不缺女朋友，心平氣和，不爭不搶，要求不高，相處舒服，所以很美很精緻也不招人嫉妒。

藍莓桲
Blueberry Ash, Fairy Petticoats
學名：*Elaeocarpus reticulatus*
科名：杜英科

生命這場交易
誰占得了便宜

　　玫瑰風信子蘭不開花的時候不存在。開花的時候從遍地乾枯的落葉中忽然冒出來，沒有葉子，沒有枝幹，頂著一頭幾十朵粉紅花，就那麼光禿禿地站著，像個奇蹟，讓桉樹林暗淡灰色的世界一下子鮮活起來。

　　玫瑰風信子蘭雖然漂亮，卻可以自花授粉，意思是如果能吸引蜂鳥蟲蝶固然好，無人光臨的話自己的雄蕊就跟雌蕊交配。種子會有很多，但未必能發芽，所以一般苗圃都不會培育她。她開花就是為了提醒世界自己還活著，所以遇到懶的那種，常常幾年不開花，因為沒有足夠的虛榮心的話確實看不到必要。

　　但她不是不繁殖，在植物的世界裡，無後為大，沒有下一代其實無牽無掛的自由灑脫意義不大，畢竟大家都需要觀眾，而觀眾都要等著看結局；同時她也不是真的不吃不喝，沒有葉子就沒有光合作用，生存本身就會變成一個問題，所以她需要有另外獲得資源並有效傳宗接代的方式。

　　真菌是她的戰略夥伴。

　　蘑菇是一種出頭露面的真菌。真菌長到地面上來的生殖器官就是被我們吃掉或毒死我們的蘑菇。最有名的不出頭的真菌是松露。

玫瑰風信子蘭
Rosy Hyacinth-orchid
學名：*Dipodium roseum*
科名：蘭科

玫瑰風信子蘭有自己的松露，一種喜歡住在桉樹附近，不被桉樹的毒性所克的紅菇科真菌。這位紅姑娘安心待在地下，給玫瑰風信子蘭傳輸從桉樹落葉和根莖吸收來的營養，玫瑰風信子蘭誕生之初，完全依靠她，以後種子要發芽，也一定要有她做溫床；作為交換，玫瑰風信子蘭允許她在自己的根系中安家，給她碳水化合物，包括一份終極禮物——自己死後的身體。

　　不知道這場交易誰占到了便宜，既然已經合作了幾十萬年，想必雙方都還覺得划算。

彩雲易散琉璃碎
誰會記得我們

我們傷春是傷自己。

春天裡在雪梨的叢林中最先開得漫山遍野的粉紅花朵，是石南香（*Boronia* spp.），有很多種，不用擔心認錯，她們的特徵獨一無二：杜香石南香（*B. ledifolia*）四片花瓣和四片花萼相對而生，交錯迭成兩個正方形；羽葉石南香（*B. pinnata*）葉片分裂，並排生在葉柄上，像輕盈的羽毛。總之都是簡單精巧，嬌柔又富於幾何之美。

她們的葉子深綠色，揉一揉有很濃烈的香味。所有石南香屬的花因為要嘛花香要嘛葉香而被歸於芸香科，跟檸檬是夥伴，但如果要嘗試去像柑橘一樣種植她們卻很不容易。一般家養澳洲本土植物講究的是見乾見濕，乾透了才澆水然後一次澆足，石南香卻要求一直保持濕潤同時排水要好，並且根系極易受損，所以買回家去往往一季花開過就香消玉殞。

羽葉石南香
Boronia pinnata

學名：*Boronia pinnata*
科名：芸香科

　　當然在野外自然狀態下石南香一般也就存活兩三年，壽命本來不長，就像她背後那個義大利年輕人。

　　石南香的植物學屬名 *Boronia* 來自弗蘭西斯科・伯恩（Francesco Borone），他生於一七六九年，本是英國植物學家詹姆斯・史密斯（J. E. Smith）的僕從，多次陪伴主人前往世界各地採集物種，因為在植物學上展現出才華，深受史密斯喜愛。二十五歲時他去希臘採集植物，不幸卻在一場無名高燒之後夢遊般跨出臥室窗戶墜亡。不知道史密斯有多心痛，五年後當他為這些來自澳洲的美麗小粉紅花進行整理和分類時，他用了弗蘭西斯科的名字為她命名。現在石南香屬下有一百六十種花，每一種都頂著那個在青春最好年華夭折被人深切懷念的年輕人的名字。

　　彩雲易散琉璃碎，誰會記得我們？回頭看，我們刻骨銘心的青春、榮耀、苦痛和悲傷，都是塵埃。

她就是倔強地要做野花

　　山石楠種不到花園裡，她就是倔強地要做野花。

　　山石楠僅見于澳洲，英文裡尋常被人叫做 Fuchsia Heath。Fuchsia 的意思是紫紅，因為她的花的顏色，heath 則一般用來指稱長滿低矮灌木的極度貧瘠的荒地，想想看《呼嘯山莊》發生的場景，那就是英國的 heath，澳洲的更乾更熱一點。

　　她長在那些怪石嶙峋、土壤貧瘠、雨水稀少的地方。野外跋涉中感覺厭倦的行人遇見，往往會有眼前一亮的驚喜感覺。因為她幾乎四季開著花，花朵像收得很緊的小喇叭，全身是紅的，喇叭口卻是白的，整整齊齊掛一排在枝頭，在亂糟糟的叢林裡顯得十分清新整潔。

　　過往的動物當然也會注意到她，除了來授粉的，還會有想要吃她的。但她不怕，給自己的莖裹上密密實實的葉子，每一片細小的葉子的頂端，都有一粒不退讓的尖刺。

　　英國人很喜歡她漂亮的小喇叭花，從兩百多年前就開始嘗試把她搬去北半球的花園，但水太多肥太厚土不夠酸性都會惹惱她，然後毫不留戀地扭頭就走枯萎掉。到今天澳洲的花園也少有見到她。

岩石縫裡她活得最開心，這裡的土壤往往太貧瘠養不活兩棵植物，她就獨自生長獨自開花。種子生出來數量很多分量很輕，風來雨來都可以帶走，他們去到別的縫隙裡發芽，過自己的艱辛自由的生活。

　　要做野花的人你攔不住。

山石楠
Fuchsia Heath
學名：*Epacris longiflora*
科名：杜鵑花科

你不用急著回家
誰不是在天涯

　　家裡麻煩太多的話，不回去也罷。誰不是在天涯。

　　根據澳洲環境保護和土地管理行業對雜草的定義，澳洲原生植物如果跑到別的州去了，也可以被當做入侵植物加以控制甚至清除；但一定不會有人對我院子裡這一棵昆士蘭帝王花不滿，因為她太美、太珍稀。

　　帝王花是新州州花，每個人的駕照上都印著一大朵。昆士蘭帝王花跟帝王花同科不同屬，基因上來說是兩家人，但如此壯麗的花樹，在藍天下鑼鼓喧天般地盛開，也配得上帝王花的名字了。

　　也有人叫她皇后花。因為花開出來，傲嬌地矗立著的，全是雌蕊。雄蕊退化成四粒小小的黃色花藥，貼在捲曲的花瓣裡面，不著意去找注意不到。這些花都開在枝枒的盡頭，一副大開大合召喚全世界的氣派，過往的鳥兒們都不能錯過。白鸚鵡飛來飛去，折下一地花紅。

　　如此奇特美麗的花樹卻基本無家可歸了。昆士蘭帝王花來自昆州最北部的熱帶雨林，不幸是個物產豐富的地方，先是發現了錫礦，被四海淘金的人蜂擁而至翻了個底朝天，然後林子裡高大挺拔木質紅潤被稱為紅金的澳洲紅杉又吸引來大批伐木人，結果當地原生雨林被摧殘殆盡，剩下零星的昆士蘭帝王花樹散布在屈指可數的幾個國家公園裡。

但她卻在我花園裡怒放，從容、豪邁，跟幾萬年前一樣，跟幾十萬年前一樣。

家有什麼好，安心住我這裡吧，白鸚鵡愛你，我敬你如賓。

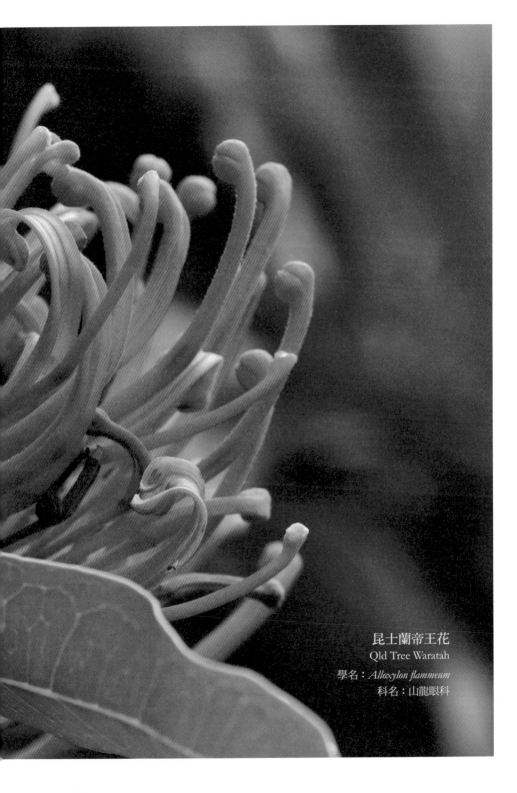

昆士蘭帝王花
Qld Tree Waratah

學名：*Alloxylon flammeum*
科名：山龍眼科

日子看不到盡頭時要耐心等候

二月分我就注意到窗外的劍葉百合鋒利的葉子中間伸出了一枝兩公尺多長的花莖，然後看著它越長越高，花蕾越來越紅，九月分終於開花。我以為我已經等得夠長，然後今天查了一下，發現劍葉百合一般十三年開一次花。

不知道當年種下這一叢劍葉百合的人是有怎樣的期待。

劍葉百合的花莖被幾十朵花壓得沉甸甸地垂下去，花頭巨大深紅，豔麗逼人。

想想也是有道理。澳洲土壤貧瘠少雨水，如果要開出這樣壯麗的大花，確實得等。等到地下已經是一個自給自足的根的城市，等到乾旱、風雨和山火都已經不能奈何的時候，開放起來才可以自由自在、淋漓盡致。

這叢劍葉百合已經在陽光下快樂地自開自花了整整兩個月，成群的彩虹鸚鵡每天來拜訪，吸食漸次開放的花朵中最新鮮的花蜜，現在花兒們正在滿足地敗去，開始等待下一個輪迴，十三年後的春天。

那時我的孩子們都將進入壯年了，那時的我們會覺得今天的期待和煎熬都是值得的嗎？其實我們也沒有別的選擇。抱著花一定會開的夢睡去，花落誰家我不管，明天是另外一天。

劍葉百合
Spear Lily
學名：*Doryanthes palmeri*
科名：矛纓花科

每一點善意都不是微不足道

因為果實上有兩個凸起的尖角像撒旦的頭，所以 *Lambertia formosa* 通常被人叫做山魔花。聽起來很可怕，其實是很美麗的花。她的名字中，*formosa* 在拉丁語裡的意思是英俊。臺灣曾被葡萄牙人叫做福爾摩沙，也是這個原因。她是被班克斯採集並最早送到英國去繁殖的澳洲花木之一，成功種植了她的植物學家亨利‧安德魯斯（Henry Andrews）對她的評價是渾身都讓人驚豔。

她還美味。她的花裡有大量清澈的花蜜，原住民一直都食用她。歐洲人也喜歡。德國探險家路德維希‧萊卡特（Ludwig Leichhardt）曾在回憶錄中說：又累又渴之際我會掰開一朵山魔花的花蒂，汲取其中甘甜的花蜜。

萊卡特是澳洲最偉大的探險家之一，在原住民嚮導陪同下，他開拓出了從昆士蘭到北領地最北部的內陸路線。英國皇家地理協會和法國巴黎地理協會都曾授予他勳章。他當時受寵若驚，給朋友寫信說自己所做的一切都是為了科學而已別無他求。不幸在大時代裡，個人哪裡屬於個人。他在兩年後的探險中失蹤，後來有證據顯示他的團隊可能是被一群原住民包圍並殺戮了。殖民初期正被白種人有計畫地趕盡殺絕的原住民可能會告訴他山魔花的祕密但顯然不需要他的科學，尤其不需要他的科學一定會帶來的侵占和掠奪。

　　山魔花不怕火，越火越旺。她在地下有木塊莖儲存營養，山火過後，萬木俱焚，她的新芽會從木塊莖上冒出來，兩三年後花開更盛。她的魔鬼頭套一樣的果子落到地上，要等山火之後才開裂發芽。據說她的壽命可達六十年。每一棵山魔花在這漫長的一生中會目睹多少友誼和仇恨？

　　除了善意與和解別無出路吧。

山魔花
Mountain Devil
學名：*Lambertia formosa*
科名：山龍眼科

誰不想做這樣的女孩子

聖誕鈴開花的時候，聖誕節就到了。

聖誕鈴花雖然是香水花科香水花屬，卻完全不香，但她美得清新舒爽，讓人覺得香水花是十分適合她的歸宿。她花頭低垂，橙紅色的花瓣緊緊地包圍在一起，下方張開黃色的小口，感覺是最羞答答的鈴鐺。

她由小鳥授粉。夜晚她製作花蜜，早晨鳥兒來了，抓住她的花莖，探頭向上到花朵深處吸食花蜜。

製作花蜜是件很辛苦的事，有時甚至能消耗一棵植物超過三分之一的能量，花蜜多能吸引更多的授粉者，但孕育種子就可能後繼無力，而每個授粉者也會考慮進食的成本，花蜜不夠多不划算。聖誕鈴花會根據當天的授粉情況調整第二天的花蜜量來最大化收益。同時，小鳥光臨的機會不多，所以她也確保小鳥只要伸頭進來就一定可以完成授粉。

聖誕鈴花也很有耐心，花期漫長，有幾個星期。一棵花莖上生七朵花，有些花把小朋友養得比花瓣長了，都還是跟夥伴們一起開著，顏色不落不敗。所以從兩百年前英國人就想要為鮮花市場大規模種植她，但一直沒有取得多大進展。在人工種植的環境下，她需要三年才開花，但由她在野地裡，山火過後，第二年她就開得漫山遍野了。

雪梨的山火過後，她如約在聖誕前夕從灰燼中綻放，美輪美奐，如鳳凰涅槃。

　　誰不想做這樣的女孩子，美麗聰明獨立強大。

聖誕鈴花
Christmas Bells
學名：*Blandfordia nobilis*
科名：香水花科

誰願坐在家裡孤零零等待

在微距鏡頭下看到白花紫露草潔白柔軟的子宮，我心中無由地感動；抬眼看到院子裡的銀樺，則感覺英姿颯爽。

其實銀樺看上去很嬌美，但我知道她的故事，沒有辦法把她當尋常花看待。

花是一套生殖器官，一般來說，花瓣圍護花蕊，雄蕊高高聳立圍護雌蕊；昆蟲或鳥兒被花朵吸引前來吃喝，身上沾染的別家雄蕊的花粉灑到此處安靜固守的雌蕊上，一朵花從此受孕，就像白花紫露草。

但銀樺不走尋常路，女生把男生的活兒也幹了。含苞待放的時候，雄蕊就乖乖地把花粉交給雌蕊，等到花開，雄蕊不見身影，只見雌蕊頂著花粉傲立枝頭。

沒有雄蕊陪伴她並不寂寞，環顧四周都是姐妹。一簇銀樺花可以有二三十朵，一朵花一根雌蕊，一簇花就是一群。蜂來鳥去，鑽進鑽出，幾個回合，姐妹們笑語盈盈間就把花粉播撒出去，好像確實也沒有雄蕊什麼事。

　　當然如果有叢叢雄蕊圍繞，理論上說會幫雌蕊擋掉風雨的摧
殘和動物的侵害，但實際上風雨飄搖的時候哪裡會與雌蕊無關。
與其謙卑等候雄蕊的安排，銀樺站出來，自己親自接待命運。而
其實，當一群雌蕊並肩而立的時候，風雨也奈何不了她們幾分。

　　自由雖然有代價，但誰要坐在家裡孤零零地等著受孕？

蜘蛛花
Spider Flower
學名：*Grevillea* spp.
科名：山龍眼科

為了生存
她機關算盡

我們以為走對了每一步，可能結果還是輸。

凱利銀樺就是這樣一步步走上了極度瀕危物種名單。

凱利銀樺很小眾，只長在雪梨北海岸（Northern beaches）附近乾燥的桉樹林裡，因為兩百年前被負責英國皇家植物園的班克斯派來的植物學家凱利（George Caley）發現而得名。

為了不要滅絕，凱利銀樺其實一直很小心。比如為了避免不經意發生同花授粉降低受孕率，她的雌蕊在花苞裡就從雄蕊那裡取了花粉。開花的時候，不見雄蕊，頂著粉色花藥站在枝頭的全是雌蕊；但此時傲嬌的雌蕊尚未具有生育能力，只有當花粉被採走或乾掉脫落了之後她們才會真正成熟，在自己深紅花絲的綠色柱頭上分泌出晶瑩的粘液，像花蜜一樣誘惑授粉者，捕捉其帶來的異花花粉。

凱利銀樺對怎麼傳播自己的種子也很盡心。種子沒有長羽衣，成熟了一天都不在枝頭多停留，哪裡也不飄去，直接重重地落到地上，讓螞蟻撿去窩裡藏著，躲過天上和地下的獵食者。種子落在原地的另一個好處是天然有了適合的生長環境，母親住的地方，孩子當然不會水土不服。然後就等一場火來發芽。

結果這場火一直不來。如今的雪梨北海岸人煙稠密，保護區
都在民居之間，誰敢輕易放火。十多年活過來，凱利銀樺漸漸枯
萎老死。

誰算得過天，可是誰又能因此不算。

凱利銀樺
Caley's Grevillea
學名：*Grevillea caleyi*
科名：山龍眼科

雪梨人對她忐忑不安欲愛不能

　　澳洲東海岸的人對紅花傘房桉心情複雜，忐忑不安欲愛不能。

　　雖然名字中含著桉字，紅花傘房桉其實另有所屬，跟桉樹（*Eucalyptus*）不是一家。紅花之外，她也開粉色花和橙色花，一枝上七朵，花莖長短不一，伸出來卻都停在一個平面上，並不彎曲成弧度，所以也跟傘無關。不管怎樣，她美。花美，鐘形的果實美，樹皮劃開流出的紅寶石般的樹脂也美。

　　看她開花是件有意思的事。她的花瓣和花萼粘連在一起形成一個漏斗，漏斗上天衣無縫地搭著一個尖頂蓋子，整個花蕾看上去光禿禿的，不顯山不漏水地慢慢膨大，有一天終於包不住了，蓋子打開，放出一肚子被花瓣和萼片緊密守護了數月的花蕊。所以傘房桉開花，開的不是花，是迫不及待要看世界的花蕊。紅色花蕊是紅花，我窗外這株是粉紅花蕊粉紅花。細長的花蕊密密地簇擁在一起，頂著香檳色的花藥，跟彩虹鸚鵡很搭配。

　　紅花傘房桉來自西澳洲西南角的一小塊地方，西起首府珀斯，東至斯特靈山脈（Stirling Range）。在斯特靈山脈被劃為國家公園之前，她在那些炎炎夏日裡看到過世世代代的原住民狩獵，也看到過白人移民的美利奴羊群走過，一路啃吃低矮的植被。

紅花桉
Red Flowering Gum
學名：*Corymbia ficifolia*
科名： 桃金娘科

　　跟所有桉樹一樣，她截枝插不活，只能從頭發芽，好在她種子多發芽不難，兩三年間就能紮根甚至開花。她也不長很快或很高，特別適合街邊巷尾或人家院子裡不大的一塊空間。所以她現在是世界上被種植最多的觀賞樹種之一。不過因為出身西澳洲，她習慣貧瘠的土壤和乾旱的氣候，雪梨今年雨水太豐沛，明年她也許就不開花。

　　所以世間沒有什麼叫十全十美諸事順遂，平常心平常等待，不強求方不煎熬。

你給不了我要的合作

　　把一束袋鼠腳花插在花瓶裡，永遠是七拱八翹的，沒有兩枝會朝著同一個方向。不合作不讓步，但生存機制的安排也沒讓她們因此受什麼委屈。

　　袋鼠腳花原產於西澳洲，植物學屬名叫做 *Anigozanthos* ，意思是形狀不規則。袋鼠腳的花確實奇特，開花之前花苞大小和位置不同，並在一起高高低低真的像袋鼠的爪子，開花之後，六片花瓣明明是偶數卻偏要在下方留出空缺來讓這個圈畫不圓。

　　看上去個性古怪，她卻是最團結的花。她主要靠專門吸食花蜜的小鳥來授粉。每種袋鼠腳花都有自己特別的設計，小鳥站在細長堅韌的花莖上探頭進到長長的花朵底部吸食花蜜時，不同品種的袋鼠腳花粉會沾到小鳥頭上不同的部位，這樣小鳥無論去哪家吃飯都可以給主人帶去合適的禮物。一隻小鳥就能把不同種類的一群袋鼠腳花都授粉了，一榮俱榮，且還常常衍生出一些更強更美的雜交品種。

袋鼠腳花是西澳洲沙地的產物，不需要多少水，也無所謂肥不肥，晚春初夏開完花，到了炎熱的夏季就停止生長埋頭睡一覺，第二年春天再從頭來過。生命不短但醒著的時候不多，熱鬧一場就散掉，信任地由著冥冥之中什麼人幫她全做了安排。

　　如果合作可以合理有效公平還能保留個性，誰願意有心機。可惜很多合作的意思是聯合起來把別人趕走。

袋鼠腳花
Kangaroo Paw

學名：*Anigozanthos* spp.
科名：血皮草科

蒼蠅與花
花與蝴蝶

　　人生有時是有意外之喜的，比如這只鏗鏘披掛的蒼蠅。

　　本意是要拍花，*Pomaderris ferruginea*，僅生於澳洲東部的本土灌木，屬於鼠李科，最有名的親戚是中國紅棗，但她自己其貌不揚，連中文名字都沒有。她的葉子暗綠枝條懶散，不過喜歡蝴蝶的人家可能覺得她寶貴，因為一種叫做黃點珠寶蝶的蝴蝶只把卵產在她的葉子上，孵化出來的毛毛蟲也只吃她的葉子。她長在我家火雞窩旁邊，借著天然腐質土的滋養，從大樹下面完全照不到太陽的地方，此刻居然也乘暖暖春意，蓬勃地開出幾大簇花來。

　　但是花朵十分細小，拍照時每次都要先做一個深呼吸，緩緩吐出的同時再輕輕按下快門。

　　我一個人在客廳，落地窗大開著，窗外夜色中的樹林可以聽到貓頭鷹的咕咕聲，寂靜之中，我的小燈箱一定格外明亮，否則這一隻小蒼蠅不會燈蛾撲火，偏偏落到我鏡頭前的花上。這位深夜訪客，本是屬於日間的生物，夜半起來閒逛，如果我心存歹意，輕易可以消滅它，但它卻在我屏住呼吸按下快門的那一刻，安然落到我的花上，從容吸食花蜜。

結果，我收穫了一張特別的照片，鏡頭下原本黯淡無華的小黃花在黑衣黑甲的蒼蠅的襯托下平添柔美溫潤；蒼蠅則收穫了一頓宵夜和燈箱的片刻溫暖。無辜的是白板上的花，期盼一生，終於被授了粉，卻已經沒有明天。

　　不過夏天會有漂亮的珠寶蝶在林間飛舞吧。

Rusty Pomaderris
學名：*Pomaderris ferruginea*
科名：鼠李科

她生而不凡
睥睨眾生

　　對我來說，世界的區別不是東方西方，而是南半球北半球。前者屬於人類文明範疇，地球是平的就基本上可以解決，後者則事關自然，屬於幾千萬年的歷史遺留問題，不可能也沒必要解決。我從來沒有人定勝天的願望，因此南方大陸（Gondwana）五千萬年前與南極洲的分離，帶給我的只有驚喜——當然天性好奇的人獲得喜悅的門檻很低。

　　比如我家車庫邊巨石上這兩叢澳洲獨有的雪梨岩蘭。

　　我記憶中的蘭花都是地生蘭，在芥子園畫譜裡很優美飄逸，但實際長在青城山陰涼潮濕的樹林裡，遷移到花園或陽臺上的話，往往各種挑剔，動不動就死給你看。我母親喜歡養花，但就從來不種蘭花。這兩叢南半球的蘭花則完全顛覆了蘭花于我之林黛玉形象。

　　顧名思義，岩蘭真的長在岩石上，她們完全沒有我們中國人想像中的蘭花那種隱居林下欲語還休的含蓄，就這樣長在高高凸出的巨石上，無遮無攔地暴露在自然元素中，陽光越強花開越盛。要分株的話，只消快刀連葉切下一大塊根莖，牢牢地綁到石頭上就行。她們的營養都是從天而降，喝雨水，吃風帶來的落葉。

雪梨岩蘭
Sydney Rock Orchid

學名：*Dendrobium speciosum*
科名：蘭科

　　但她們的花卻晶瑩剔透冰清玉潔膚如凝脂，柔和到我的鏡頭
幾乎無法對焦，似乎她們所有的粗糙和餐風宿露都是為了心頭這
一口。

　　我真心感謝她們一點不做作的做派，獨居高崖上自己照顧自
己，在那塊只有鳥拉屎我絕對上不去的地方幫我完成綠化任務，
其粗壯堅韌的葉片，無法隨風飄動，但憑藉山勢，卻給人一種在
蘭之為蘭的淡然灑脫之外的傲然。

　　在她們的睥睨之下，我家的水泥房子頓時顯得卑微起來。

誰沒有經歷過什麼呢

　　植物分類學上，一個屬下面往往會有幾十上百種植物，每一種下面又會有很多區分，但黑荊樹很特別，有專門的一個屬，下面又只有她一個種，但儘管她就此一家別無分店，在很長的時間裡，她都被叫做黑金合歡（Black Wattle），一方面是因為她的花毛茸茸的就像金合歡（Wattle）一樣，她的屬名 *Callicoma* 在希臘語裡的意思就是美麗的頭髮；另一方面，則因為她曾是澳洲早期移民用小舞壁（Wattle & daub）方式搭建房屋的重要材料。

　　當年自由移民到達美國後遭遇很悲慘，要麼被印第安人殺了，要麼活活餓死了，所以英國送來澳洲的前幾批移民全是罪犯，能活下來最好，活不下來也不用心痛。澳洲的初代移民確實吃了很多苦。首先是到達之時恰逢大旱炎熱缺水，其次不知英國政府怎麼考慮的，移民的首要之務本是拓荒，送來的犯人卻全是城裡人，完全不懂農耕，結果莊稼顆粒無收，沒有餓死是因為快要斷糧時第二批運送囚犯的船到了。

　　到了之後第一件事當然是修房子，人類從來都是圍起來才有安全感。小舞壁是流傳了六千年的一個簡單直接的方式，當天做好當天烤乾當晚就可以入住。具體是用樹幹和樹枝編成籬笆，然後塗上稀泥，豎起來就成為房子的四面牆。黑荊樹多生長在水邊，枝條結實又堅韌，初來乍到逐水而居的新移民就地取材，黑荊樹就和金合歡一起成為了這些泥屋的核心建材。

　　如今塵埃落定，那些陪伴早期移民度過艱難時刻的泥巴小屋進了博物館，金合歡花成了澳洲的國花，黑荊樹得到正名。她跟金合歡不沾親不帶故，靜靜地站在叢林中，開花、結果，種子順流而下，沿路生根發芽，你經過的每條小溪，岸邊都有她。

　　誰的一生沒有經歷過什麼呢。路上那個與我們擦肩而過的普通人可能擁有過星辰大海。

黑荊樹／黑金合歡
Black Wattle

學名：*Callicoma serratifolia*
科名：南薔薇科

這世上從來沒有盲目的愛

你以為你愛上了，其實可能都是彼此利用。

乳酪樹的果實扁圓，上面有一道道好像擠壓出來的紋路，就像迷你車輪乳酪。很多鳥類和昆蟲愛吃她的乳酪。結果子的時候，澳洲國王鸚鵡、彩虹鸚鵡和一些黃鸝科的小鳥都會來。

乳酪樹是以德國植物學家費爾南多・穆勒（Ferdinand von Mueller）命名的。費爾南多是一個生性嚴謹的藥理學博士，對植物學有狂熱興趣，到澳洲後他發現了八百多種未為人知的澳洲植物，三十二歲成為維州皇家植物園的負責人，卻在四十八歲年富力強的時候被人從總監位置上趕下臺，餘生對此一直耿耿於懷。他沒想通的道理其實很簡單，當時距離植物學家班克斯一七七〇年首次考察澳洲已經百年有餘，人們對新奇物種的熱情和好奇心開始冷靜下來，而他的德國式純科研的態度滿足不了觀眾對植物園新興的美感要求。

乳酪樹的花分雌雄。同在一棵樹上，雌花只有雌蕊，雄花只有雄蕊，彼此站得遠遠的。唯一能幫他們關聯在一起的，是一種特別的飛蛾（*Epicephala* spp.）。這種飛蛾也只為乳酪樹服務。她根據雌花雄花專門為她散發的香氣，先到雄蕊那裡取花粉，然後飛到雌花上面，先給雌蕊授粉確保雌花受孕，再把自己的卵產到雌花裡。接下去雌花子房膨大，長出乳酪一樣的果實。果實隔成五六個小房間，每間有一粒種子，種子長得很慢，所以很長時間

乳酪樹
Cheese Tree

學名：*Glochidion ferdinandi*
科名：葉下珠科

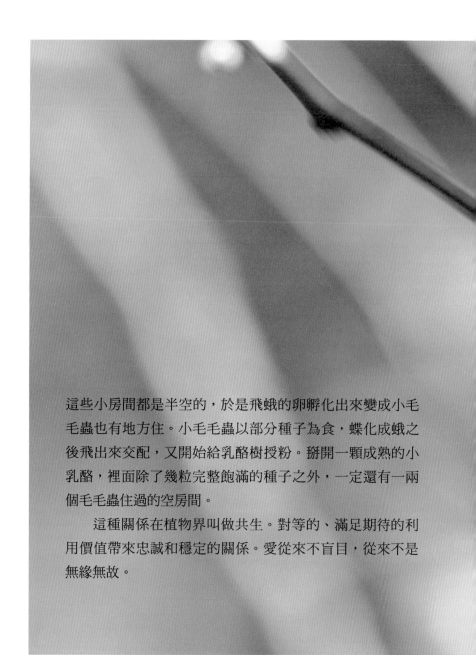

這些小房間都是半空的，於是飛蛾的卵孵化出來變成小毛毛蟲也有地方住。小毛毛蟲以部分種子為食，蝶化成蛾之後飛出來交配，又開始給乳酪樹授粉。掰開一顆成熟的小乳酪，裡面除了幾粒完整飽滿的種子之外，一定還有一兩個毛毛蟲住過的空房間。

　　這種關係在植物界叫做共生。對等的、滿足期待的利用價值帶來忠誠和穩定的關係。愛從來不盲目，從來不是無緣無故。

等你的季節到來

　　絕大多數文明一旦有了足夠的餘糧就會開始釀酒。澳洲早期移民也不例外。第一批流放犯到達雪梨兩年後就釀出了有官方正式記載的啤酒。因為監獄裡搞不到能調配出獨特苦味並可以幫助啤酒保鮮的啤酒花（蛇麻草，Hops），一名叫做詹姆斯．斯奎爾（James Squire）的囚犯鋌而走險去醫療室偷了一公斤胡椒和其他香料來做試驗，結果被罰一百五十鞭。如果你去酒吧喝到一瓶老千啤酒（James Squire 150 Lashes），出處就在這裡。

　　出獄後的詹姆斯．基奈爾還是不能解決啤酒花的問題。啤酒花喜寒不喜熱，在雪梨十多年都種不活，他和其他的啤酒釀造商一直都只好花大價錢從英國進口啤酒花。在此期間，各種澳洲本土植物都被拿去試驗，看能不能代替蛇麻草。*Dodonaea triquetra* 是其中之一，並因之被稱做澳洲啤酒花（Native Hop-bush），但最終因為不夠苦而被放棄。

　　澳洲本土植物因為保水的原因，大多葉片小顏色暗淡，比如桉樹的葉子其實帶著灰色，但澳洲啤酒花卻葉片碩大，綠得跟北半球的植物一樣，欣欣然的樣子在叢林裡格外醒目。原住民傳統用她的葉子來治牙痛，被刺鰩（Stingray）扎了的時候把葉子嚼碎敷在創口上止痛療傷。

　　她分公樹和母樹，雌花和雄花長在不同的樹上，不分泌花蜜也不散發花香，完全不吸引蜜蜂，所以夏天她開花的時候，熱鬧

澳洲啤酒花
Large-leaf Hop-bush
學名：*Dodonaea triquetra*
科名：無患子科

都是別人的，她特別安靜。無所給無所得，也算公平。她依靠風
來授粉，她的花粉可以隨風飄灑到一兩公里之外的地方。有時遠
看一棵孤零零的澳洲啤酒花樹，走近才發現她已經把果實重重疊
疊地掛滿了枝枒。

　　她的果實薄薄的，三瓣一體，綠得也很清新，看上去脆嫩可
口。此時她的季節到了，各種專吃種子的昆蟲和鳥類蜂擁而來，
嘰嘰喳喳，給樹林帶來不一樣的生機和熱鬧。所以你的存在是一
定有一個道理的，不要輕言放棄，等你的季節到來。

給別人生路
放過的是自己

　　束蕊花的五片花瓣金燦燦的，就像英國人曾經使用的畿尼金幣，因此常被人叫做金畿尼花。畿尼是指西非的幾內亞，當時製作金幣的黃金來自那裡。每個畿尼含七、八克黃金。

　　束蕊花性格隨和，不挑土壤不挑雨水，陽光充足的地方花開很盛，樹蔭下曬不到太陽的時候長得慢一些，但也一樣青綠，而且從不落葉。她幾乎四季都掛著花，花型碩大豪華，在本地植物中很少見，因此很受歡迎，人家的庭院裡和路邊公共綠地上到處是，野外樹林中反而還看不到那麼多。

　　她又被叫做蛇藤，因為她的莖很柔軟，纏來繞去，可以爬高也可以在地上匍匐。跟大多數藤類植物一樣，她生機旺盛，可以很快地蔓延開來，有時一場雨後，一叢束蕊花上全是新冒出來的莖，粉嫩粉嫩的，仰著頭興致勃勃地試探周圍的世界。

　　掛在籬笆上，如果找不到合適的依靠，這些莖會回頭纏繞自己，原路返回到出發點換個方向再出發。如果用來覆蓋地面卻爬到樹上了，過上幾個月你還可以輕鬆地解開她，直接放回地面，她一點不會介意，重重疊疊地跟兄弟姐妹們堆積在一起繼續生長。在林子裡當她能夠自由地攀爬到灌木或樹上時，她也不會絞殺對

方，她的藤纏得很鬆，葉子也不會太密，所以彼此都有呼吸的餘地。借道而已，她看似不經意卻分寸掐得很準。

　　競爭總是有的，誰都想活得長一點活得好一點，但不妨礙你與人為善。給別人生路，放過的是自己。

束蕊花／畿尼花
Golden Guinea Vine
學名：*Hibbertia scandens*
科名：第倫桃科

求與這世界相安無事

一無所求，你就可以和這世界相安無事。

松蘿菠蘿千絲萬縷都掛在我院子邊上的白千層樹（Paper Bark Tree）上面，不貼地面不沾石頭。她也不寄生，掛在那裡就真的只是掛在那裡，僅取風吹和空氣流動，並不把自己伸進層層疊疊的樹皮下去吸收營養。

她的故鄉是曾經的西班牙殖民地墨西哥，因此英文裡她又被稱為西班牙青苔。在美國南部的各州，她垂掛在老橡樹上，是讓很多人懷舊的一景。《亂世佳人》裡斯嘉麗的大宅子前真有那棵大樹的話，就一定飄著她。

她渾身包裹著細小的鱗片，這些鱗片積攢風裡飄過的水霧和粉塵，從中汲取營養和水分，再加上林間閃爍不定的幾縷陽光，就是她的一日三餐。鱗片吸滿水分，她就變成碧玉色，乾旱好多天以後，水分失去，她又慢慢變回銀灰色。

但她還開花。就這麼一點點食物，她一樣有葉子，有花，然後還會結出種子，就跟她同科的大表哥菠蘿一樣。她在中文裡就被叫做松蘿菠蘿，不過感覺她跟菠蘿的距離比跟青苔更遠。

她花很小，葉子更小，對世界好像沒什麼貢獻，但因為不消耗這世界多少，大概也不會覺得內疚。她的種子比羽毛輕微，風來了，飄到合適的地方就住下，不生根只發芽，掛得住就掛在那裡，風太大掛不住就飄去下一棵樹。落到地上了，就靜靜地等鳥

過來把她銜走築窩。誰都沒辦法跟她競爭，因為她基本上什麼都不要。她要的，又是我們都不要或不覺得珍貴的。

　　就是這樣，當你什麼都不要的時候，這世界就沒辦法惹你更沒辦法打敗你了。

松蘿菠蘿
Spanish Moss
學名：*Tillandsia usneoides*
科名：鳳梨科

大家都不容易

　　在澳洲能生存至今的植物，都有自己的求生祕訣，比如善於用火。

　　澳洲山火多，大起來可以圍城，比如二〇二〇年初的雪梨。

　　但山火並不全是壞事，很多植物是喜歡的。大火之後塵歸塵土歸土，生物取自土壤用於生長的各種礦物質和微量元素並不都隨風飄散，堆積的灰燼可以給新生命提供巨大能量，同時落得個白茫茫大地真乾淨的結果，是清除了本來遮擋了天空和陽光的成年植物和其他競爭物種，連小動物都沒了，正是新苗出頭的好機會。

　　所以那些懂得做好準備守株待兔的植物就可以漁利其中發展壯大。這方面的高手之一是佛塔花。

　　佛塔花是澳洲標誌性植物，一是因為數量多，二是因為樣貌獨特見過了就不會忘。她的花是幾百朵聚在一個巨大的球體或柱體上，從黃色到金黃色，開或不開都很奪目；果子則掛在樹上經年不落，你可能錯過花季但一定不會錯過那些黑乎乎的果實。

　　當然這些花和果都不是平白無故，全是生存的策略。

佛塔花的種子被樹脂封在厚厚的木質蓇葖果裡，只有在山火過後樹脂融化，蓇葖果才會裂開一個口子釋放出種子。山火不能年年有，佛塔花很耐心，種子密封在果莢裡，可以安然待十多年。

　　有一些佛塔花更小心一些，要感覺到火後土地降溫涼爽了才張口，還有更聰明的，要直到一場大雨後才放心撒手讓種子走；而花蕊在果子已然成熟之後，有些往往還頑強地留在果子上若干年，彷彿乾枯的髮絲，她們不是不願退出歷史舞臺，而是準備一旦火來可以及時為自家的種子引火上身。

　　這些終於落到地上的種子如果沒有被動物吃掉，百分百會發芽。

　　所以我們路上經過的每一棵佛塔花，都是生命幾千萬年苦心算計的結果。大家都不容易，哪怕只是一棵樹。

佛塔花
Banksias
學名：*Banksia* spp.
科名：山龍眼科

她又美又悍你奈何不了

強者往往招人恨。

馬纓丹是世界上最強悍的雜草（weeds）之一。原產中、南美洲，十五世紀的時候被荷蘭探險家帶回歐洲，目前在全世界五十多個國家被列為入侵雜草，在澳洲是三十二種國家級雜草中的一員，依法嚴禁買賣和商業種植。

她其實很美，花開五色，圓形的花頭上開著幾十朵小花，紅黃藍白紫各種顏色都有，因此也被人叫做五色梅。每朵喇叭形的小花摘下來一朵朵疊加，可以穿成一串趣味十足的花環戴在手上。一百五十多年前她是被當做觀賞植物介紹到澳洲的。她生長快，枝葉茂密，在花園邊種上，很快就可以形成一道密實、漂亮的天然籬笆。

不幸她同時擁有作為一個超級雜草的各種品質：不怕乾不怕澇，陽光多點少點沒關係，土壤肥瘦也不挑剔，種下第二年就開花，一株花可以生產一萬多粒種子。這些種子包在肥厚的果肉裡，地上的動物天上的鳥類都喜歡吃，然後到別處拉粑粑，很快把她傳播到五湖四海。

她的枝葉有毒。牲畜不敢啃她，吃多了的話一兩個星期後會死於痛苦的肝衰竭。她的果子成熟變成黑色之後可以食用。這不是她發善心，是因為她的種子只有經過了動物的消化道處理之後才能有效發芽，而此時一般已經離母體很遠了，是有效避免家族

競爭的手段。

　　最強悍的，是她分泌一種生化物質到土裡，抑制其他植物發芽、生長。當你看到一大片馬纓丹的時候，就是一大片馬纓丹，陰森森不見日光的地面沒有草，中間全是她縱橫交錯無法穿越的枝枒，寂靜冷清，一個扼殺了多樣性的生態墓地。

　　而除了在她尚未形成氣候之前手工拔除，似乎也沒有什麼辦法可以消滅她。她不怕火，火後直接從地下的根莖發芽，枝幹能落地生根，噴灑農藥以及散布科學家研究出來的生物天敵比如各種蟲子飛蛾和病毒，都奈何不了她。

　　強悍如此讓人很難心生同情，人人誅之而後快，但強悍如斯也不需要同情。

馬纓丹／五色梅
Lantana
學名：*Lantana camara*
科名：馬鞭草科

沒有那份幸運
我就堅韌

普通人都是憑著堅韌度過一生的吧。

藍莓百合有個很北半球很英國鄉村的名字，卻只生長在澳洲。寫廣告文案的人都遵守的一條準則是用熟悉的名字來解釋新概念，因為人之初性本懶，一般都不想動腦筋。這個道理放之四海皆準，澳洲很多原生植物都中了這招。被發現得晚就會有這個問題，詞庫滿了，人的理解力容量不夠了，一定要舊瓶裝新酒的話遲早帶來混亂。所以較真的人就給每種植物都取了一個獨一無二的植物學名，給其他較真的人使用，其中藍莓百合就叫做 *Dianella caerulea*。*Caerulea* 的意思是藍，*Dianella* 則源自羅馬狩獵女神的名字戴安娜，而戴安娜在拉丁語裡的本意是天空和日光，感覺跟藍莓百合更貼切。

藍莓百合就是生長在澳洲叢林烈日之下到處都是的植物。她額頭上貼著兩個字：堅韌。她修長的葉子摸起來硬邦邦的，可以很好地鎖住水分。澳洲大部分原生植物面臨的主要問題是乾旱，所以往往不適應過於潮濕的地方，藍莓百合卻乾濕通吃，排水差的低窪地帶照樣生長；陰涼的大樹下長，無遮無攔的叢林空地陽光曝曬下也長。

　且不用施肥，不用澆水，不用關心。然後夏天裡她就開出藍色的花再結出藍色的果。果子雖然跟藍莓是兩回事，但仍然是美味可食的漿果。

　雨雪風霜，對她來說好像都雲淡風輕不是回事，唯一洩露她的不容易的，是她的藍。藍是她體內的花青素帶來的，花青素讓植物更能經受得住惡劣環境的壓力。環境越惡劣，她藍得越鮮豔。

藍莓百合
Blue Flax-lily, Blueberry Lily
學名：*Dianella caerulea*
科名：金穗花科

放手是福

　　海福斯薄荷是一個失而復得的奇蹟。她第一次被發現是一八一〇年，被當時的英國植物學家記錄在案，然後就再找不到，被認定滅絕。她低矮不起眼，不開花的時候沒人注意。她上了官方死亡名單的時候大概也無人為之悲戚，她不過是地球上不斷消失的無數生物中的一個。

　　沒想到的是，二〇〇一年她又在雪梨北海岸的海福斯（Seaforth）出現了。澳洲（人類）植物界這下子為之歡欣鼓舞，她的名字被移到極度瀕危物種名單裡面。雖然極度瀕危的下一步就是滅絕，但不幸政府拒絕撥款做一個恢復計畫，她於是只能在保護區的林子裡自生自滅。有時候其貌不揚就可能遇到這樣的問題。

　　不過我要講的是她的轉身就走。奇蹟每天有，好好的日子坦然放手說走就走才是不容易。

　　海福斯薄荷消失將近二百年的原因之一，是她遇到山火才發芽，又在山火過後五六年間就死去，回到泥土裡的種子庫中，等待下次山火燒掉其他植物之後再重生。這個折騰，是因為她低矮，其他灌木和樹木長起來之後，她沒有陽光沒有空間，懶得去擠去爭，索性甩手走了。

　　舞臺其實就這麼大，尤其是群眾演員，健康活一世足矣，確實也不必為了爭資源而長得歪七扭八。可惜不是大家都有這個放手的福。

當然甩手走也有問題，海福斯薄荷的麻煩在於人類活動，本來安全的土壤種子庫可能在幾年幾十年後的山火來臨前就被挖掉搬走，換成人類房屋的水泥地基。當然既已放手，誰又管那麼多。

海福斯薄荷
Seaforth Mint Bush
學名：*Prostanthera marifolia*
科名：唇形科

這就是生活

絕望的人棄無可棄，熬到無可熬處就會有希望。

鴨拓草在東亞被當做中藥，據說有消腫利水、清熱解毒之效。澳洲的鴨拓草開藍花，被稱作藍花鴨拓草，不知道是否具有同樣的功用，但確實曾經也被當做藥，治療早期移民的壞血症（Scurvy），並因此被稱為壞血症草（Scurvy weed）。

威廉姆斯夫婦的名字列在從倫敦送往澳洲的第一批流放犯名單裡，他們的法庭記錄上記載的罪名是：妻子伊莉莎白故意跟店員聊天，丈夫理查借機偷了一雙襪子。澳洲從一七八八年開始接納的十七萬苦役犯，幾乎全部是這樣為生活所迫小偷小摸的城市底層人生。是《悲慘世界》的時代，是《霧都孤兒》的時代。

八個月海上航行，七百多囚犯中死了四十八個，到岸後威廉姆斯夫婦和夥伴面對的是更大的絕望。他們不是拓荒者。糧食和蔬菜顆粒無收帶來的直接後果就是壞血病。牙齦出血、四肢無力、傷口不愈，最後衰弱而死。

這時候富含維生素 C 的藍花鴨拓草出現了。她也只會在此刻出現。澳洲植物絕大多數習慣貧瘠的土壤，不喜歡營養太豐富，而藍花鴨拓草則相反，在自然狀態下她長得很卑微幾乎看不到，只有在人類開墾出田地或花園後，水多肥多，她才會生機勃勃茂盛興旺地蔓延開來。

她可以生吃也可以熟吃，據說味道像菠菜，現在除了少數獵奇者應該沒人去吃她了，畢竟我們已經有了工業化的農業來生產真正的蔬菜，她只是在恰當的時候出現拯救了一群絕望的人。

　　威廉姆斯夫婦的後裔現在遍布澳洲，其中之一是我的朋友凱薩琳。永遠沒有山窮水盡的時候。不要撒手，親愛的熬下去，這就是生活。

藍花鴨拓草
Scurvy Weed
學名：*Commelina cyanea*
科名：鴨蹠草科

漂泊的人
會羨慕這樣步步為營的生活

Viola hederacea 是一七七〇年植物學家班克斯跟隨庫克船長的奮力號來到澳洲時採集了帶回英國去的植物之一。她的種子極多也極小，由螞蟻負責傳播，所以一塊閒置的地如果不是雜草叢生，遲早會有她冒出來，怯生生地長成一片，在春天和夏天的時候開出紫色的小花。微風裡這些小花輕柔地搖曳，讓很多歐洲移民思鄉，因此也叫做澳洲紫菫，或者澳洲紫羅蘭。

她一般會喜歡半陰蔽略濕潤的環境，但澳洲一年乾十年旱，偶爾幾個月下雨，所以植物都做不成豌豆上的公主，活下來的都不挑剔。結果澳洲紫菫哪裡都長，在精心打理的花園裡她的葉子可以長到四五釐米寬，在無人照料的荒野裡，她就長得小一點，不到一半大，但照樣開花結果，完完整整地度過一生。

她的祕訣是走一步看一步，不著急也不灰心。她靜靜地耐心等待，風來雨來，土壤足夠潤濕了，她就慢慢長出幾片葉子，然後原地安營紮寨，把這幾片葉子養得又肥又大；再來一場風雨，她向附近穩穩地伸出一根莖，莖上生葉，莖下生根，開始一個新的小家庭；小家庭再生小家庭，周而復始，一簇簇最終連成綠油油的一片片，創造出自己的小生態，天氣濕點乾點都可以應付。

日子雖然一眼看得到頭，但漂泊的人會羨慕這樣步步為營的生活。

澳洲紫菫
Native Violet

學名：*Viola hederacea*
科名：菫菜科

她有性感的優勢

有時候我們以為被動的那一方卻可能掌握著主動權。

舌帽蘭在澳洲東南部很常見，她的葉子短而寬，沒有葉柄沒有枝幹，從落葉中光禿禿地冒出來獨坐在地上，因為冬季也不落葉，所以是林間比較容易找尋到的蘭花。她的花莖苗條挺拔，花朵帶一些條紋和斑點，色澤深紫隱隱地透著神祕。

別的花用花蜜來吸引和獎賞授粉者，舌帽蘭卻色誘。她唯一的授粉者是一種叫做 *Lissopimpla excelsa* 的黃蜂。她把自己裝扮成黃蜂的女性伴侶的樣子，那些條紋、斑點和顏色都像雌蜂的某個身體部位，並散發出跟雌蜂體味相近的淡淡香味，雄蜂遠遠地尋香而來跟她交配，蹭上滿身花粉，然後再去下一朵舌帽蘭那裡上當。

有研究者給花粉稱重，對比其他提供食物並擁有多個授粉者的蘭花，發現舌帽蘭的方式最為有效，黃蜂取走的花粉多，有效傳送到另一朵舌帽蘭上的花粉也多。

舌帽蘭什麼都不給就得到了黃蜂的免費服務，看似輕鬆其實可能比那些提供花蜜的植物更辛苦吧。想想看不能說不能動的她讓自己的樣貌和氣味漸漸都變得跟別人的女朋友一樣，需要經歷多少萬年的選擇和淘汰。

人說一分辛勞一分收穫，看到有人扭扭腰肢，眼光流轉，低頭抿嘴一笑就輕鬆把事情辦成了的時候，不要妒羨，她背後的故事我們看不到。

舌帽蘭
Bonnet Orchid

學名：*Cryptostylis erecta*
科名：蘭科

如果生命只有一天
你會刷牙嗎

　　翻過大分水嶺（Great Dividing Range），雨量驟降，新州內陸的國家公園往往是當地最貧瘠荒涼的地方。在奧蘭治（Orange）附近的一處國家公園外面，有一塊牌子，上面寫著：Chinamen's garden。兩百年前一個華人家庭曾在這裡墾荒種植蔬菜。在這塊如今一片荒蕪雜草叢生的地方，他們都種了什麼呢？那個時代他們應該來自廣東或福建，苦瓜？絲瓜？芥藍？他們也會在籬笆邊種上幾棵藍色的牽牛花嗎？

　　初代移民常常在庭院裡種下家鄉常見的花草，在陌生奇怪的世界裡，這些熟悉的植物給人帶來慰藉，種下去就像拋下一隻錨，讓我們跟土地重新建立起牽連。

　　這些植物有的乖乖地待在了院子裡，比如紅薯，有的逃出來到野地裡過上了遮天蔽日自由恣肆的生活，比如變色牽牛花。

變色牽牛花
Morning Glory
學名：*Ipomoea indica*
科名：旋花科

做自由的雜草不受約束的代價是過了今天不知道明天。變色牽牛花被澳洲人一般叫做 Blue Morning Glory，非常美麗的名字，跟日本人把牽牛花稱做朝顏可以有一比，她確實美，藍色花瓣在風中微微顫慄，豔麗又嬌弱。

沒有人想到她如此柔弱卻如此致命。在缺乏抵抗力的澳洲叢林裡，她一路順風地攀爬到最高的桉樹冠，然後蔓延開來阻擋陽光，最後她身下會沒有草，沒有灌木，沒有新生的樹苗，高高低低生命豐富的林地最終坍塌成一片低矮匍匐的牽牛花。

且她的根極為強悍，深紮進岩縫中幾乎無法拔出，而她會從截斷的地方重新發芽。所以從事叢林再生的專業人士往往會使用農藥，切斷她的莖，把農藥塗抹在她的傷口上，指望毒素會被傳送到遙遠的根部去，也許當時就會發作，也許過上兩、三天，如果不成功，他們會再回來。

如果生命只有一天，你會梳妝打扮洗臉刷牙嗎？她會的。活著的每一天都要美。

你有綻放的自由

想開花的時候她就開花。

蜂蜜桃金娘雖然歸於聽起來氣勢宏大的千層樹屬（*Melaleuca spp.*），卻是一公尺左右高的低矮灌木，葉片和嫩枝揉一揉會散發辛香，可以種在土裡也可以盆栽。她喜歡濕潤的土壤，但也不怕乾旱，長期乾涸之後補充一點點水分就可以很快復原抽出新枝。如果雨水充沛的話，她一年中八個月幾乎四季都在開花。常常這一批花剛剛開過，粉嫩的花蕾不知不覺又裹滿了枝幹。被她的花蜜吸引的鳥兒和昆蟲都不會走遠，她是大家持續不斷的可靠蜜源。

她在小型灌木中不多見地長壽，二三十年過去，主枝變得粗糙壯實，被不斷冒出來的柔軟新綠的枝條包圍，花一開，完全看不出年紀。她的花沒有花梗，直接開在枝幹上，四五朵一簇，全是花骨朵時眉清目秀，來龍去脈都可以一眼看清，一旦花開，則整個枝幹都被湮沒，只看到她滿枝或粉或紫的花蕊。

她的花蕊與眾不同，五組雄蕊分別在底部合成一體好像五片花瓣，延伸到末梢處，每根花蕊再各自頂著花藥一縷縷分開來，一眼看上去像是花瓣綴滿捲曲的流蘇，花盛時雲霧一般，如夢如幻。真實的花瓣和花萼則自覺退位到最下方，心甘情願地捧著喬裝打扮的美人。

想開花又開得起的時候就開吧，跟季節無關跟年齡無關。你有綻放的自由。

蜂蜜桃金娘
Thyme Honey-myrtle

學名：*Melaleuca thymifolia*
科名：桃金娘科

這世上沒有醜的花

這棵紫一葉豆藏在車道邊的草叢中，葉子暗綠，如果沒有開出紫色的小花來，我不會注意到她。

澳洲土壤貧瘠，大部分地區缺雨水，日照又極強，原生植物大都把自己包裹得密密的，葉子往往很小很硬，肥厚一點的一定也會有蠟質覆蓋，總之盡量不洩露水分，且為了避免消耗，一般不輕易落葉，花開也非常小朵。四季常青的結果是幾乎看不到新綠。兩百年前來澳洲的一個蘇格蘭植物學家曾感歎此地雖物種豐富但一片黯淡，蠻荒之地，完全無美可言。

到了澳洲我才知道開花是需要力量的，開大花其實是一件十分奢侈的事，北半球每一朵鮮豔奪目的玫瑰花背後，都是足夠的水和足夠的肥。對澳洲原生本土植物來說，招搖的大花雖然更容易吸引昆蟲，但價格太昂貴，她們不能耗盡一生的能量來開花，畢竟孕育種子延續基因才是生命的目的。

因為花小，所以花瓣不會有北半球植物那種嬌柔，同時因為如果不能成功獲得授粉就沒有二次機會繁衍，所以一朵花會開很長，不會第二天雨打風吹一下就落紅遍地讓人傷感。紫一葉豆的花可以開一兩個星期，新的花骨朵成熟了，舊花才落。

但是花就是花，無論多微不足道，無論多不嬌貴，都可以讓人驚豔。我沒有看到過醜的花。

紫一葉豆
Purple Coral Pea
學名：*Hardenbergia violacea*
科名：豆科

活得越短越要讓世界看到你

　　澳大利亞有兩萬多種本土開花植物，從一九五九年開始的六十年間，澳洲郵局選擇了最漂亮最有特色的一百八十多種做成野花系列，流蘇百合出現在二〇〇五年的五十分郵票上。

　　不辜負她的名字，流蘇百合花瓣的邊緣自然延伸出長長的絲絮，就像流蘇一樣。她有三片花瓣三片花萼，像朵真正的百合，但最新的基因分析卻發現她其實屬於吊蘭科。好在她美麗清新，百合或吊蘭都配得上。

　　雖然美到上郵票，流蘇百合卻一般生長在樹林的底層，二三十釐米高，葉子稀少，細細長長，混雜在雜草和枯枝間，平時完全不惹人關注。原住民很喜歡她，因為她根上長有塊莖，清脆多汁，烤來吃解餓，生吃解渴。初夏時節她開花，花瓣、花萼和流蘇都是無比豔麗的紫色，開在八十釐米長的莖上，或立或臥，一下子輝映出整棵植株。

　　她早上開花，太陽落山前就已經凋謝。她只開一天。生物進化到現在，每一個動作應該都不是無意的，但沒有人明確知道她為什麼會在花瓣上綴滿流蘇。一個解釋是這些細絲用料不多卻有效地擴大了她的花瓣面積，讓她更有辨識度，更容易被授粉的蜜

146

蜂和其他昆蟲看到。物競天擇，流蘇百合在盡力撐開自己，一分一寸地提升生存的機會。

　　活得越短越要認真，小小的你踮起腳尖要讓世界看到的樣子真可愛。

流蘇百合
Common Fringe Lily

學名：*Thysanotus tuberosus*
科名：吊蘭科

你在他鄉還好嗎

傳奇故事聽多了，會忘記歷史真的是什麼樣子。

威爾遜蒲桃原本長在昆士蘭北部熱帶氣候下，現在雪梨我家院子裡也長得不錯。蒲桃屬的植物一般被統稱為 Lilly Pilly，在雪梨十分常見，因為只長兩、三公尺高，四季都枝繁葉茂又經得起修剪，往往被當做籬笆或種在院子邊上隔斷路人窺探的目光。Lilly Pilly 結出來的果子無毒可食，不過有的酸甜爽口有的澀得厲害。威爾遜蒲桃屬於後者，需要煮熟放很多糖做果醬才好吃。

威爾遜蒲桃的長處是她的花。跟很多桃金娘科的花樹一樣，她的花瓣微小到可以忽略不計，突出而張揚的是密密的花蕊。這些花蕊簇擁在一起形成一個毛茸茸的小孩子拳頭大的小球，所以威爾遜蒲桃也被叫做粉撲花。深紫色的花蕊之上，是無數星星點點的白色花藥。這些美麗深邃的花球往往藏在葉子下面，找到一粒就像發現一個祕密。

威爾遜蒲桃的種名 *Wilsonii* 據說是為了紀念探險家和植物採集家湯瑪斯·威爾遜（Thomas Braidwood Wilson）。這是一個以傳奇開始以悲傷結束的故事。威爾遜出生在蘇格蘭，是訓練有素的醫生，先後八次在往澳洲運送流放犯的海軍船上擔任醫療總監。對這段經歷他在回憶錄中自豪地宣稱：管理過兩千多個囚犯，從未有過爭執從未有過衝突，所有問題都妥善解決。據記載他確實十分專業而人性：保證犯人每天都有得檸檬汁喝並保持客艙清潔

以避免壞血病以及其他疫病。

　　常在岸邊走難免濕腳。有一次回程途中他們的船在托列斯海峽（Torres Strait）遇險沉沒，他和其他幾名水手一起乘坐救生艇向西划行一千六百公里到帝汶上岸獲救。其實托列斯海峽往北就是巴布亞新磯內亞，向南就是昆士蘭的約克海岬，都在幾十公里之內，他們卻棄近求遠，因為這兩處當時還是無（白）人定居的蠻荒之地，他們不敢上岸。

　　那時還沒有生物安全的概念，比如管理英國皇家植物園的班克斯一方面要求大不列顛帝國的每個角落都往英國寄送奇花異草，一方面也把歐洲的物種源源不斷地發送到新開闢的殖民地。威爾遜在一八三一年帶了一箱歐洲蜜蜂到塔斯馬尼亞，是澳洲養蜂業的開始，他因此獲得一枚勳章，感謝他為殖民地帶來了彌足珍貴的植物和動物。他也因為在勘探和物種採集方面的貢獻成為倫敦皇家地理學會的會員。

威爾遜蒲桃
Powder-puff Lilly Pilly
學名：*Syzygium wilsonii*
科名：桃金娘科

從二十多歲加入海軍後就基本上在為新大陸服務，人到中年解甲歸田之時，威爾遜大概覺得澳洲更像是故鄉。一八三六年他帶著全家移民到了新州一個現在叫做布雷德伍德（Braidwood）的小鎮，在政府分配給自由移民的土地上養殖牛羊，並捐款修建了當地的法院。不幸一切從這裡疾轉直下。他的妻子和新出生的幼子相繼離世，然後又逢經濟蕭條和大旱，一八四三年十月他被宣告破產，一個月後他鬱鬱而終，留下十六歲的女兒和十歲的兒子。女兒瑪麗寫下的日記現在被保存在澳洲國家圖書館，被視為對早期外籍人士生活（expatriate life）的忠實記錄。

　　大時代風吹落葉，甚至把我們連根拔起，哪怕你曾經闖蕩四海，哪怕你曾經施善積德，移民的生活從來都不容易。幸好歷史記得。致敬先驅。

動物們的故事

Animal Stories

袋貂的幸福家庭

在自然界做個女性其實很不容易。比如澳洲最大的蝙蝠灰頭果蝠（Grey-headed Flying Fox），交配時公蝙蝠會從後面咬住母蝙蝠的肩膀，在交配季節蝙蝠營地每天都是母蝙蝠尖利痛苦的嘶叫聲。小蝙蝠生下來也由母蝙蝠獨自照護，公蝙蝠另尋新歡去。

不過環尾袋貂的情況看上去好像還不錯。

今天早上一隻烏鴉在我家院子外的林地上兇狠地嘶叫，飛起落下不斷撲騰，被我們扔了一根樹枝趕走，然後我們就在四、五公尺高的樹上看見了一動不動蜷縮在樹葉中的環尾袋貂媽媽和她背上的小袋貂。

在陽光下袋貂的眼睛很奇怪，像兩粒棕色的玻璃球，瞳孔縮小到幾乎看不見，想想他們本是夜間動物也就釋然。正常情況下袋貂只在夜裡出來，白天都躲在樹上的窩裡睡覺、拉粑粑、吃粑粑──對的，跟牛羊反芻一個道理，不過通道不一樣。現在光天化日地跑出來，一定是嚇得不輕。

相比果蝠，環尾袋貂的家庭應該還算健康幸福的。

首先公袋貂和母袋貂會一起用樹枝樹葉來築窩，交配之後也仍然住在這個家裡而不是到處去浪蕩，成年後的女兒常常會回來跟父母一起住，如果有了第三代，居住面積不夠了，外公還會主動搬出去騰地方。堪稱模範丈夫、和睦家庭。

環尾袋貂

Common Ringtail Possum

學名：*Pseudocheirus peregrinus*

科名：捲尾科

可惜烏鴉從天而降生死交關的時候，還是只有母袋貂背著兩個孩子逃難，公袋貂不見蹤影。

　　這個倆孩兒媽，毛茸茸的，眼神無辜，像個小娃娃。袋貂寶寶在母腹裡的孕期只有三～四周，但是出生後會立刻爬進媽媽肚子上的育兒袋裡，閉著眼睛吃奶，直到四個月大才會鑽出來在窩裡逛逛，添加點輔食，六個月後完全斷奶開始獨立生活。我們看到的這兩個寶寶大概是育兒袋已裝不下，但獨立未滿，所以出門就爬到媽媽背上同行。

　　這六七個月的時間裡，都是袋貂媽媽帶著孩子到處走，夜晚覓食，白日逃難，從一根樹枝爬到另一根樹枝，從一棵樹跳到另一棵樹，躲避貓頭鷹，躲避烏鴉，躲避某些不懷好意的人類。

　　除非剝離養育的生理機能，否則女性是占不了便宜的，人類社會如此，動物界看來也是。

在自信的孩子面前
世界是紙老虎

　　過去三十年間，雪梨北海岸區申請救護的動物總量沒變，但品種減少了一半。意思是那些適應了城市水土的動物發展了，不適應的打包走了。我不去想他們去哪裡了。

　　彩虹鸚鵡留下來成了雪梨土著。不光是她顏值高大家喜歡，城市生活也有叢林法則，她懂得怎麼玩這個遊戲。

　　定居雪梨的鳥類還算不少，每天來我家食堂批量就餐的有笑鳥、硫磺鳳頭白鸚鵡和火雞，都比她體型大聲音響。

　　彩虹鸚鵡本是在別處喝粥的（用 Harmony 摻水調製的偽花蜜），但看到白鸚鵡們各種穀子和種子吃得很香，也過來湊熱鬧。白鸚鵡忍了幾天，有一隻終於受不了了，呱呱大叫要趕她們走。彩虹鸚鵡兩隻腳牢牢抓在地上，兩手（翅）叉腰，震耳欲聾地嚷嚷回去。

　　現在是白鸚鵡在周圍樹枝上靜候小鸚鵡吃完後再進餐。當然小鸚鵡吃得不多。

　　小鸚鵡的狡猾在於，白鸚鵡雖然體型龐大，但喙向內彎曲，是用來嗑瓜子的，沒法進行實質性的攻擊；對嘴巴和爪子都尖尖的火雞，我從沒看到她輕慢過。哪裡都有虛張聲勢，彩虹鸚鵡能分真假。

　　知己知彼，就有自信。自信不是挑戰世界，是你知道誰可以挑戰，挑戰了誰可以贏。

彩虹吸蜜鸚鵡
Rainbow Lorikeet

學名：*Trichoglossus haematodus moluccanus*
科名：金剛鸚鵡科

愛愛嗎
讓我把你吃了那種

　　兩性關係就是一場權利鬥爭。傳宗接代是核心，但可以結婚可以離婚，可以暴力可以性命交關。

　　聖安德魯十字蜘蛛是雪梨花園裡最常見的蜘蛛。體型大顏色鮮豔，肚皮上三道明晃晃的黃色條紋，不擔心她有毒的話會覺得其實很漂亮。她確實不算有毒，而且她的網張那麼大，中間還織著一個加粗的十字符號，一般人也不會撞上去。遇到危險，她的反應要麼是直線降落到地上收起八條腿裝死，要麼拚命晃動她的網，虛張聲勢想把襲擊者嚇走。跟人類的鬥爭中，動物植物都是輸家，那是為什麼我們很多人覺得自己是坐在生命樹最高的枝子上。不過下面的枝葉都掉光了的話誰也坐不穩。

　　公蜘蛛為了交配而生。他們比母蜘蛛一般要小很多倍。平時不織網，吐絲的話往往只是用來搭條通往母蜘蛛的單行道。母蜘蛛的性器官在肚子上，公蜘蛛的在頭頂。公母都有兩套性器官，需要單獨交配。每次交配完成，公蜘蛛會把自己的生殖器折斷在母蜘蛛身體裡，堵塞通路，確保沒有其他人的精子可以進去競爭。

　　同樣是澳洲獨有的但劇毒的紅背蜘蛛（Redback Spider）在交配時，公蜘蛛會翻個筋斗，把自己的肚子送到母蜘蛛的嘴裡供其大快朵頤，以換取多一點點時間讓自己可以成功完成兩次交配。相信不是特別愉快的性體驗，但可以多播撒幾粒精子，增多一點

自己的基因流傳延續的機會。

　　聖安德魯十字蜘蛛挑剔一些。公母蜘蛛只交配一次，然後各去找別人，不是因為多情，是為了基因的多樣性，保證未來小蜘蛛的競爭力。

　　這就涉及到一個逃生的問題。如果第一次交配就被吃了那麼公蜘蛛的多樣性就是空談。所以相對於紅背蜘蛛的主動獻身，聖安德魯十字蜘蛛的男方常常試圖逃脫。女方的對策則是邊交配邊把對方用絲網裹起來，從容享受愛情滋潤的同時美餐也安排好。一心二用一舉多得的愛情。當然還是有男方逃出來，那些坐在蜘蛛網的上方丟了一隻腿的，往往就是剛剛經歷了一場愛與死的戰鬥。然後他們還會瘸著腿去找另一隻待配的母蜘蛛，完成剩下的使命。

　　幸好我們不是蜘蛛，我們生存的目的不僅僅是生育。我們結婚在一起是為了愛和陪伴。

　　真的嗎？

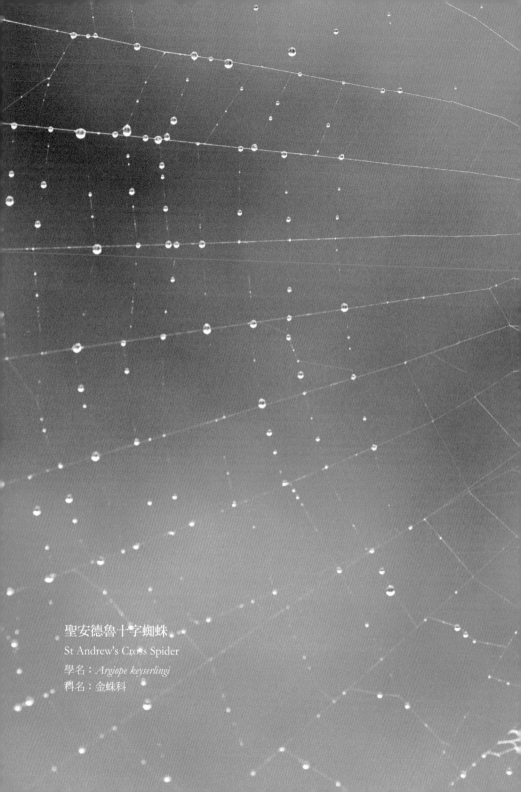

聖安德魯十字蜘蛛
St Andrew's Cross Spider
學名：*Argiope keyserlingi*
科名：金蛛科

人間事
沒有原因也不知道答案

　　花蜘蛛愛花。別人織網捕獵，她坐在花叢裡守株待兔。

　　她的顏色碧中帶翠，輕而易舉可以混跡花草間不被察覺，她也很有耐心，一動不動呆坐一天把自己也快變成葉子。有獵物上門來採蜜，她就從花瓣後面竄出來，迅速打一針毒藥麻痹，然後再注射消化液把獵物溶解慢慢吃掉。腰太細就會有這樣的問題，不能大快朵頤，只能吃流食。

　　花蜘蛛也叫做螃蟹蜘蛛，因為她兩對前腿很長，平時向前半伸著，跟螃蟹的兩個大螯差不多，而且她可以橫走豎走退著走，姿態也很像螃蟹。

　　她當然比螃蟹漂亮和靈巧多了。她有八隻眼睛，上下兩排，每只可以同時觀察不同方向的情況。你盯著她看的時候，她也一定在盯著你看。她善於隱形也善於易裝。她的腹部有兩個十分明顯的凸起的黑點，乍看像是兩隻大眼睛，其實她的頭完全在另一個方向。這兩隻眼睛可以誤導要來吃她的小鳥，也可以迷惑她自己的獵物。

　　她的食物是各種昆蟲，包括蒼蠅。在人類廚房裡盤旋的蒼蠅只是少數，大部分蒼蠅其實都在花園裡或樹林中吃花蜜給花授粉，有時也不幸被花蜘蛛抓住當晚餐。

　　花蜘蛛的雄性夥伴個子很小，大概是她的一半尺寸。雖然根據進化論的原則，能夠生存下來的一定是更強更大的物種，但據說因為雄蜘蛛不用產卵不用帶著碩大的一包小蜘蛛蛋蛋奔波，所以尺寸不要緊，而且個子小的話動作靈活，更便於找到一隻霸道美麗能生能育的女性同伴進行交配延續子嗣。

　　可惜人間事不能如此順水推舟水到渠成，更多是不知道原因也沒有答案。

花蜘蛛

Flower Spider

學名：*Diaea* spp.

科名：蟹蛛科

失聲的叢林歌聲

笑鳥宣示主權的方式很美，他們合唱。一家人整整齊齊站在樹枝上，早一次晚一次，向四方放聲歌唱。聲音所到之地就是他們的疆域。

他們的歌聲連續不斷好像有人笑得要岔氣，因此得名笑鳥。笑鳥其實是翠鳥的一種，嘴巴尖利，吃蟲子、蜥蜴、老鼠。每胎生三個蛋，一家人往往有五六口，爸爸媽媽，小寶寶和去年前年養出來的青少年，都一起住著，共同照顧新生的寶寶。不過人多手雜，三個新生兒中間，兩個大的往往會聯手搶奪資源，悄悄把老三殺了。

笑鳥有獵手的冷靜和耐心。不唱歌的時候蹲在樹枝上，一動不動好像陷入沉思，其實時刻關注下方的動靜，蜥蜴露個頭出來看看，他穩著不動，等蜥蜴以為安全了鑽出來曬太陽，他俯衝下去，疾如閃電。

笑鳥
Kookaburra
學名：*Dacelo novaeguineae*
科名：翠鳥科

笑鳥的聲音代表著澳洲叢林。英文名字叫做 Kookaburra，聽起來就像他們的叫聲，來自土著語言 Wiradjeri。Wiradjeri 語曾是紐省中部最大的原住民語言，不幸目前已失傳。現在土著部落正在出字典出課本試圖復蘇這種語言，但語言是約定俗成的東西，在運用中得到延續。怎麼復活一個語言？重新創造一個孤立封閉的環境嗎？如果不能說權力的語言又怎麼能保證自己的語言不會再次滅絕？

　　很多事想得太多會發現沒有答案。沒答案就留著吧，讓時間去解決。

說明

本書所涉及的動、植物中英文名稱，出處主要如下：

植物的科名和植物學名（英文）：
雪梨皇家植物園：https://plantnet.rbgsyd.nsw.gov.au
PlantFile：www.plantfileonline.net

植物的常用名（英文）：
雪梨皇家植物園：https://plantnet.rbgsyd.nsw.gov.au
Atlas of living Australia: https://bie.ala.org.au
維基百科：https://en.wikipedia.org

動物的科名、科學名和常用名（英文）：
澳大利亞博物館：https://australian.museum
Atlas of living Australia: https://bie.ala.org.au

植物的科名（中文）：
臺灣中央研究院：www.hast.biodiv.tw/Taxon/FamilyListC.aspx
臺灣生物多樣性網站：www.tbn.org.tw

植物的植物學名（中文）：

本書提及的植物中，除了極少數之外，一般缺乏經權威學
術機構確認並使用的中文植物學名（亦稱科學名），因此
為準確計，本書中植物的植物學名均保留英文原文。

動物的科名和科學名（中文）：

中國國家動物標本資源庫：http://museum.ioz.ac.cn

臺灣 NAER 雙語詞彙、學術名詞暨辭書資源網：

https://terms.naer.edu.tw

動植物的常用名（中文）：

本書介紹的動植物多為澳洲本地原生物種，有些在中文世
界裡鮮為人知。因此除參照維基百科保留部分已在中文中
約定俗成的常用名之外，本書亦採取直譯澳洲本地英文常
用名的方式。若上述兩種方法均不適用，而該植物已有權
威學術機構給予中文科學名的話，則直接採用中文科學
名。

索引

愛　生　活　　　0　5　8

澳洲花鳥手帖

澳洲花鳥手帖／李夏著 . -- 初版 . -- 臺北市：健行文化出版：九歌
發行，2021.09
176 面；14.8×21 公分 . --（愛生活；58）
ISBN 978-986-06511-2-6（平裝）

1. 植物志 2. 澳洲

375.271　　　　　　　　　　　　　　　　　　110008447

作　　者──李夏
攝　　影──李夏
責任編輯──曾敏英
發 行 人──蔡澤蘋
出　　版──健行文化出版事業有限公司
　　　　　　台北市 105 八德路 3 段 12 巷 57 弄 40 號
　　　　　　電話／02-25776564・傳真／02-25789205
　　　　　　郵政劃撥／0112263-4

九歌文學網　www.chiuko.com.tw

排　　版──綠貝殼資訊有限公司
印　　刷──前進彩藝有限公司
法律顧問──龍躍天律師・蕭雄淋律師・董安丹律師
發　　行──九歌出版社有限公司
　　　　　　台北市 105 八德路 3 段 12 巷 57 弄 40 號
　　　　　　電話／02-25776564・傳真／02-25789205
初　　版──2021 年 9 月
定　　價──350 元
書　　號──0207058
I S B N──978-986-06511-2-6

（缺頁、破損或裝訂錯誤，請寄回本公司更換）
版權所有・翻印必究　　Printed in Taiwan